国外航天运载技术
发展态势评估

杨广华　陈国玖　籍润泽　主编

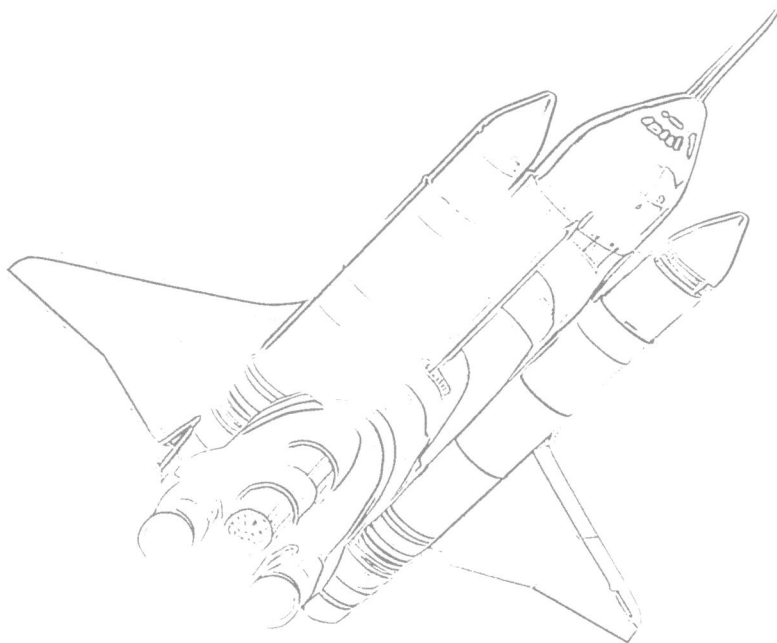

北京理工大学出版社

BEIJING INSTITUTE OF TECHNOLOGY PRESS

内 容 简 介

本书以美国、俄罗斯、欧洲、日本、印度等国家和地区的航天任务为主要切入点，分析总结了航天运载的热点领域和发展趋势，坚持"概念先行"，以航天运载技术基本概念、领域组成、专业组成分析为基础，系统梳理了国外航天运载技术的历史、发展现状及趋势，总结了国外主要运载火箭型谱，并就航天运载技术评估方法提出预测。

图书在版编目（C I P）数据

国外航天运载技术发展态势评估／杨广华，陈国玖，籍润泽主编. —— 北京：北京理工大学出版社，2024.5
ISBN 978 - 7 - 5763 - 3982 - 6

Ⅰ. ①国… Ⅱ. ①杨… ②陈… ③籍… Ⅲ. ①运载火箭 – 技术评估 – 国外 Ⅳ. ①V475.1

中国国家版本馆 CIP 数据核字（2024）第 097374 号

责任编辑：王梦春   文案编辑：芈 岚
责任校对：刘亚男   责任印制：李志强

出版发行 ／北京理工大学出版社有限责任公司
社   址 ／北京市丰台区四合庄路 6 号
邮   编 ／100070
电   话 ／（010）68944439（学术售后服务热线）
网   址 ／http：//www.bitpress.com.cn

版 印 次 ／2024 年 5 月第 1 版第 1 次印刷
印   刷 ／廊坊市印艺阁数字科技有限公司
开   本 ／710 mm×1000 mm   1/16
印   张 ／13
字   数 ／195 千字
定   价 ／68.00 元

编　委　会

主　　编：杨广华　　陈国玖　　籍润泽

副主编：杭　爽　　孙振华　　燕玉林　　黄其旺

编　　委：李　锴　　唐帮盈　　杨晓云　　张守明

　　　　　秘　倩　　张笔峰　　赵　巍　　廖晋平

　　　　　禚法宝　　杨博帆　　徐　炎

前　言

　　航天是当今世界最具挑战性和广泛带动性的高科技领域之一，是一个国家的综合国力和大国地位的重要体现。当前，越来越多的国家将发展航天作为重要战略选择，世界航天活动呈现蓬勃发展的景象。

　　航天运输系统是一个国家实现空间进入、空间利用和空间控制的基础，是实现航天器快速部署、重构、扩充和维护的保障，是大规模开发和利用空间资源的载体，是人类社会进步的重要推动力量。航天发展，运载先行。运载火箭技术水平代表了一个国家自主进入空间的能力，是一个国家航天能力的标志，始终处于优先和重点发展的地位，世界各国都非常重视运载技术的发展。

　　习近平总书记在 2013 年就提出了"发展航天事业，建设航天强国"的战略目标，并在 2016 年进一步指出："探索浩瀚宇宙，发展航天事业，建设航天强国，是我们不懈追求的航天梦。"党的十九大报告也明确了建设航天强国的宏伟目标。建设航天强国是我们这一代航天人的伟大历史使命，大力发展以运载火箭为代表的航天运输系统将助力中国成为航天强国，是中华民族强国梦的战略性工程，是落实国家创新驱动发展战略、实现"两个一百年"发展目标进程中的重大科技创新活动，对确保我国太空安全和国防安全具有重要意义。

　　目前，全球航天运输系统进入新一轮的发展期，大规模民用空间基础设施建设、太空资源开发与利用、日益蓬勃发展的商业航天，对新一代航天运输系统提出了可靠、安全、高效、智能、低成本等要求。

　　综观各国航天运输系统发展规划，新研型号运载火箭纷纷进入工程验证和实施阶段，创新性、颠覆性先进技术取得重大突破，以商业航天为代表的垂直起降重复使用运载逐步进入工程应用，从而形成新一轮航天运输系统竞争格局。

　　本书以美国、俄罗斯、欧洲、日本以及印度等主要航天国家和地区为研究对象，阐释其运载火箭发展技术路线、型号演进情况和型谱发展趋势，梳理它们的主要航天任务，研析其火箭发展关键技术，试图从航天任务需求牵引和火箭发展关键技术推动两个维度来研究火箭型谱演化的动因。在此基础之上，提出对我国火箭型谱优化的启示，为我国运载火箭的未来发展提供参考。

目　　录

第一章
世界主要国家和地区的航天任务

1.1 美国

1.1.1 航天政策改革调整

近年来，全球太空安全形势日趋严峻，竞争加剧、对抗升级，美国认为其航天优势正在缩小。特朗普接任美国总统后对航天工业发展实施了全方位布局，成立了由副总统担任主席的"国家太空委员会"，强力推进军用、民用、商用航天政策管理的调整与改革。特别是 2018 年以来，以新版《国家安全战略》《国防战略》为指引，围绕航天顶层设计，军用、民用、商用航天发展，天军组建等主题，发布《国家太空战略》与 2 号航天政策指令《简化对太空商业化利用的监管》、3 号航天政策指令《国家太空交通管理政策》、4 号航天政策指令《建立美国天军》及国防部《太空作战》条令等一系列政策指令，并启动天军组建工作，其航天工业发展思路逐渐清晰。

美国陆续发布《司令官战略愿景》《数字化军种愿景》《美国航天优先事项框架》和 7 号航天政策指令《美国天基定位、导航与授时（PNT）政策》等文件，旨在强调提高太空战备能力，推进"以数据为中心"的太空军转型，并保持美国在全球导航卫星系统领域的领导地位，以维系其太空优势。同时，美国通过升级反通信系统、建造"传输层"和"黑杰克"等军事星座以及成立太空作战研发实验室等手段，加快推进太空军事技术发展。

（一）从国家顶层推进军用、民用、商用统筹协调，突出强调"美国优先"

美国 2018 年 3 月发布首部《国家航天战略》，提出深化军用、民用、商用航天动态合作关系，维持其航天技术领先优势。主要内容有以下几点：一是将美国利益置于首位，强调在国际协议中以美国利益为先，确保其航天工业能力的世界领先地位；二是传承美国探索精神，强调以创建和维护关键航天系统为重点，确保空间科学、商业和国家安全利益，引领美国航天复兴；三是以实力维护太空利益，明确将遏止、反击、击败美国和盟友面对的威胁；四是提出发展更具弹性的航天系统，强化太空威慑和作战手段，完善基础能力、结构和流程，营造有利的国内和国际环境。

（二）推进军事航天政策与管理体制改革，积极备战太空

特朗普政府认为，敌对国家和组织获得航天能力的门槛降低，太空安全环境日益恶化。对此，政府将积极推进军事航天政策与管理体制改革。

首先，要调整军事航天政策，将太空视为独立作战域。放弃奥巴马政府以外交手段维持"稳定太空环境"的"克制战略"，在《国家航天战略》中明确提出"太空已成为战场"，要加强太空战备，"以实力维护和平"；2018 年 4 月发布的《太空作战》条令强调，将太空作战与联合作战体系相融合，将直接对抗作为重要的太空作战内容；2019 年 2 月发布的 4 号航天政策指令《建立美国天军》，明确在空军建制下组建第六大独立军种——天军。

其次，要强力推进军事航天管理改革，为备战太空提供组织保障。积极组建天军，在天军建制下设立航天发展局，充分运用商业力量加快创新；建立参谋长联席会直属太空作战司令部，统筹太空力量建设与作战运用；推进商业采办管理改革，分别由国家侦察局和空军航天司令部接管国防部商业高分卫星数据和商业通信服务采办职能等。

最后，要从政策上推进航天装备体系与能力向实战化发展。在继续发展太空态势感知能力的同时，加速发展分布式太空装备，增强抗毁能力，探讨在太空部署拦截弹等进攻性武器的可能性。

（三）制定多项商业航天改革计划，深化商业力量应用

随着太空商业活动数量和多样性的显著增加，太空商业化程度越来越深，特朗普政府多次表示将以政府推动的方式，采取多项措施与私营企业加强合作，进一步引入商业公司和私人方面的力量，为政府航天领域发展目标提供支撑；进一步简化商业航天相关规定，在必要时给予私营航天企业更多支持和保护，推动航天产业发展。"国家太空委员会"的主要职责就是促进政府部门与私有实体之间的紧密合作，加强各主体在技术和信息上的交流共享。

2018 年 5 月 24 日，时任美国总统特朗普签署 "2 号航天政策指令"，旨在改革美国商业太空监管框架，要求简化对太空商业化利用的监管。随后，特朗普于 6 月 18 日签署 "3 号航天政策指令"，正式启动美国商业航天监管改革。这是美国政府制定的首份综合性太空交通管理政策，要求简化对火箭发射等航天项目的审批，减少对商业航天领域的管制，为美国在太空交通管理和缓解太空碎片影响领域的领导地位提供了指引和方向。该政策指令将推动美国商业和运输部门针对火箭和卫星发射、重返大气层、商业遥感、无线电频谱等方面的管理规定，制定多项具体的改革计划，形成新的监管体系。

"3 号航天政策指令"的主要内容有以下几点：一是要求运输部简化商业航天发射的审批和监管流程，对各类运载火箭发放单一许可证；二是要求商务部修订商业遥感监管政策，提出鼓励放宽商业遥感许可限制的立法建议；三是要求商务部提升商业航天管理层级、加强集中管理，整合其监管商业航天活动的机构与职能；四是改进和协调无线电频谱管理，满足商业航天活动对频谱资源的需求；五是审查商业航天出口许可条例，扩大航天产品出口。

（四）以太空交通管理为突破，谋求太空国际治理主导权

面对太空日益拥挤、航天器运行安全威胁日益严峻等问题，时任美国总统特朗普 2018 年 6 月签署的 3 号航天政策指令《太空交通管理政策》，首次将频谱资源分配与利用、在轨避碰、空间碎片移除等纳入太空交通管理体系。其主要内容有以下几点：一是明确太空交通管理四项原则，包括维护太空环境的安全与稳定，提供及时可用的太空态势感知数据和太空交通管理服务，定期修订碎片减缓准则、标准和政策，明确太空交通管理框架；二是明确太空交通管理九项目标，包括促进太空态势感知和交通管理技术发展、减轻轨道碎片影响等；三是提出维护太空运行环境的三项指导方针，包括提高太空态势感知覆盖范围和准确性、建立开放式数据库、减缓轨道碎片；四是明确国防部、国家航空航天局（National Aeronautics and Space Administration，NASA）等各部门的职责。

（五）重返月球，推动太空探索发展

特朗普政府在保持美国在全球太空探索领域的领导地位方面，与奥巴马政府的航天战略思想是一致的，但针对美国载人航天政策进行了调整，重新制定了NASA未来载人航天的发展方向。2017年12月11日，特朗普签署"1号航天政策指令"，这也是美国国家太空委员会提出的第一份建议，宣布美国将重启载人登月计划，并对NASA的任务进行调整：登陆火星的目标不变，但实现途径发生改变，将实现载人登陆火星的过渡路径从"小行星载人探索"转变为"重返月球"，为最终实现载人登陆火星奠定基础。该指令的签署，意味着奥巴马政府此前提出的载人登陆小行星计划正式停止。2018年2月2日，由美国主导并联合其他14个国家和地区的空间机构组成的国际空间探索协调小组（ISECG）发布了第三版《全球探索路线图》，重点强调了开展月球探测活动的重要性，提出应采取"从近地球轨道到月球，再到火星"的循序渐进的任务方案开展太空探索活动。2018年2月12日，NASA发布《2018年战略规划》，以"1号航天政策指令"和国家太空委员会设定的目标为指导，明确2018—2021年NASA发展方向和重大项目，为重返月球、载人火星探测及长远太空探索奠定基础。

由此可见，在"重返月球"的方向指引下，NASA的太空发射系统（SLS）、"猎户座"载人飞船（Orion）以及商业运输系统等项目将得到快速发展。

1.1.2 《联合太空行动愿景2031》分析

2022年2月22日美国国防部宣布，美国、澳大利亚、加拿大、法国、德国、新西兰和英国共同签署了一份联合愿景文件——《联合太空行动愿景2031》（CSpO），呼吁加强合作以防止太空冲突。据称，CSpO源于2010年施里弗兵棋推演中多国太空指挥中心的概念，由五眼联盟起步，美国将合作范围扩大到了法国和德国。文件主要包括愿景、使命、指导原则、目标、工作方针等几部分内容，旨在应对鼓励负责任利用太空的总体需求，认识到太空面临的可持续性挑战及技术进步带来的威胁。该文件于2021年11月俄罗斯"反卫星试验"后成稿，一直未公开发布，其文件主要内容如下：

（一）愿景

各伙伴国作为负责任的行动者，主导国家安全太空行动，寻求并准备在发生敌对太空活动时，根据适用的国际法进行自我保护和防御。

（二）使命

创造并改善合作、协调和互操作机会，以维持太空行动自由、优化资源、增强任务保证和弹性，并防止冲突。

（三）太空的重要性

太空是现代多域军事行动的组成部分，可为其提供战略优势；天基能力为日常生活提供了广泛保障，包括通信、导航、遥感、对地观测、天气服务和金融交易。保障和支撑上述能力的可用性符合各国国家利益，继续提供这些能力需要完全进入太空及在太空中行动自由。当前，太空已经演变成一个充满竞争且拥挤的作战域。随着太空变得越来越拥挤，这个关键领域的安全性和稳定性受到了更多威胁。一些国家已经发展出旨在拒止、削弱和破坏对天基能力使用和利用的技术。这些国家已经证明有能力将天基能力置于风险之中，并以关键资产为打击目标，以降低美国及盟友与伙伴在危机或冲突中的军事效力。此外，缺乏被广泛接受的负责任行为规范和历史实践增加了误解、误判和风险升级的可能性。这些因素汇集在一起，产生了强烈的战略和行动紧迫性，呼吁美国及盟友与伙伴采取行动。美国及盟友与伙伴都希望作为负责的太空行为者，加快和提升开展联盟太空军事行动的能力，以维护太空中和地球上的安全并防止冲突升级；同时，力求为保护国家利益和和平利用太空做好准备。

（四）共同指导原则

CSpO 倡议谅解备忘录的参与者普遍认同以下指导原则：

一是自由利用太空。军队在为确保自由进入和利用太空的国际努力做出贡献方面发挥了重要作用。CSpO 参与国致力于确保本国太空行动的安全，同时促进建立有安全保障、稳定、安全、和平和在行动上可持续的太空域。

二是负责任和可持续地利用太空。世界依赖于天基系统——太空活动对整个人类活动产生影响。CSpO 参与国开展活动，应致力于尽量减少长寿命空间碎片的产生，并促进太空环境的持久可持续性。

三是在维护主权的同时建立伙伴关系。CSpO 参与国承认并维护每个参与者以符合本国政策和利益的方式独立行动和沟通的权利。在适当情况下，通过明确和公开的对话，使各国工作同步开展。

四是维护国际法。各参与国的活动均符合适用的国际法，包括《外层空间条约》《联合国宪章》；如果发生武装冲突，则符合武装冲突法。

（五）目标

实现美国及盟友与伙伴的愿景和使命，CSpO 参与国确认以下目标，以指导各国行动和集体行动。

一是预防冲突。CSpO 参与国寻求预防冲突，包括向太空延伸或源自太空的冲突。通过加强协调、增强弹性、促进负责任的太空行为，加强伙伴关系和透明沟通，提高预防冲突、促进全域安全与稳定的国家能力和集体能力。

二是统一行动。通过由统一培训的工作人员操作的实时同步网络行动中心，CSpO 参与国寻求通过跨多个分类级别（从战略层面到行动和战术层面，并以与行动相关的速度进行）共享信息来实现联合太空行动。

三是太空任务保证。CSpO 参与国寻求建立和维护强大的、反应灵敏的、可互操作的空间基础设施，以便在面对太空域的不利行动或变化时能够继续产生太空效应。确保设备、设施、网络、信息和信息系统、人员、基础设施和供应链的持续功能和弹性，美国及盟友与伙伴寻求拒止干涉，并在整个军事行动中确保 CSpO 参与国的国家安全任务基本功能的可用性。

四是防御和保卫。CSpO 参与国致力于防御和保卫本国国家利益和太空域。这可能包括在一系列举措上开展合作，例如，为当前和未来的系统制定需求，以对抗敌对太空活动，并威慑、拒止或挫败针对太空事业的攻击或干扰；通过有弹性、安全、可互操作和可持续的通信，提供敏捷和自适应的联合指挥控制能力；适当共享情报和信息；及时进行高层对话。

（六）工作方针

CSpO 参与国寻求通过几方面工作实现上述共同目标，以下工作方针为其国家和集体工作提供了指导框架：

通过明确差距和利用合作机会，开发和运行有弹性的、可互操作的架构，以确保太空任务的安全性和一致性。加强 CSpO 参与国之间的指挥控制和通信能力以及其他业务联系，以保障统一行动以及在整个军事行动范围内进行联合和同步行动的能力。培养负责任的太空军事行为，以促进维护对太空域的自由利用、自由进入和可持续性条件，并劝阻不负责任的行为并避免其升级。在战略沟通方面进行合作，以在信息环境中设定所需条件。共享情报和信息，建立共识，支持统一行动。培养专业化的太空人才队伍，以加强对太空域的共同理解，分享最佳实践，并增长美国及盟友与伙伴的集体智慧。

1.1.3 《国家太空战略》分析

1957 年 10 月 4 日 19 时 28 分 34 秒，苏联用 R－7 洲际弹道导弹改装而成的运载火箭将人类第一颗人造地球卫星"斯普特尼克"1 号送入了太空。美国在与苏联的第一局太空竞赛中败北，由此催生了美国第一份《国家太空战略》。

1958 年，时任美国总统艾森豪威尔发布了美国第一份《国家太空战略》。1958 年，是美国首份《国家太空战略》诞生的年份，同时也是很多和尖端军事科技、太空、梦想相关的机构和政策诞生的年份。当年，美国成立了国防部高级研究计划局（Defense Advanced Research Projects Agency，DARPA）。若要对互联网、激光、高性能芯片、电磁炮、空天飞行器、全球定位系统、隐身技术等技术追本溯源的话，几乎都能找到 DARPA 的影子。

2018 年 3 月 23 日，时任美国总统特朗普在白宫发布了《国家太空战略》。该战略开篇就指出了发展太空探索事业的三大用途：一是推动新兴产业发展；二是催生新的尖端技术；三是军事科技保障国家安全。

从产业经济的角度来看，全球太空产业的总规模已经超过了 3 300 亿美元。以 SpaceX（美国太空探索技术公司）和蓝色起源为代表的新兴太空制造业和以波音和洛克希德·马丁、诺斯罗普·格鲁曼为代表的老牌军火巨头如今已经全面崛起。

从尖端技术的角度来看，电推进发动机（见图 1）、空间核动力、可重复使用运载火箭、低轨卫星星座等具备行业颠覆性和代表人类文明发展程度的技术，在近几年得到突飞猛进的发展。

从国家安全的角度来看，天基红外预警系统、GPS 星座和未来低轨星座的发展都需要卫星和火箭产业足够强劲。

以下从几个方面来解读特朗普政府《国家太空战略》的主要内容。

（一）优先战略

《国家太空战略》与其涵盖甚广的国家安全政策相互配合，目的就是一切以美国利益优先。国家太空战略中"美国优先"的提法，代表了特朗普政府早期

图 1　电推进发动机

政策的连贯性，具体影响则要看后续的实施。这个美国优先的太空战略，展开来讲有五个层面。

第一层面：国家太空政策以美国利益为最主要的关注方向，确保该政策能够使得美国强大、有竞争力和伟大。

这一层面阐述了《国家太空政策》的制定准则。这是一个转折点，由此美国的太空探索开始从"为人类拓展认知范围"的目标转变成"为美国的国家竞争力服务"，即不再为争面子式的国家荣誉服务，而是要为切实提升国家竞争力服务，和平时确保美国商业领域的技术领先地位，战时确保能打赢战争。

第二层面：新的战略强调在国家安全领域、商业领域和民用航天产业之间构建动态的和可合作的相互关系。

进入 21 世纪，综观美国军工体系，能够有能力接下美国军事发射中的大型卫星和系列化卫星任务的，也就只有洛克希德·马丁和波音两家。SpaceX 公司并非老牌军火巨头，却以可信的运载火箭技术和吸引力十足的发射报价赢得了美国军方的订单。

洛克希德·马丁的"大力神"4 运载火箭能力不错，执行过不少军事发射任务，其中就包括"锁眼"侦察卫星；而洛克希德·马丁的"宇宙神"系列运载火箭同样接过不少军事卫星发射任务。

波音则凭借其"德尔塔"系列运载火箭在包括 GPS 卫星在内的军事卫星发射任务中与洛克希德·马丁平起平坐。两大集团的军事载荷发射业务部门和相关技术团队合并后，成立了联合发射联盟公司（ULA）。在 2006 年到 2016 年这长达十年的时间里，美国国防部、美国空军、NASA 及其他政府机构大型航天器的发射业务被 ULA 公司所垄断。

第三层面：美国政府会在与商业部门的合作中确保美国企业在太空探索技术领域的世界领先地位。

在尖端科技领域，几十人、几个人甚至一个人所持有的技术手段和代表的技术水平，有可能会超越几万人、十几万人的企业集团。因此只要能确保对美国技术领先地位的战略有利，美国政府就已经做好了和各国企业、组织和个人进行合作的准备。

第四层面：新的战略要确保将美国人民、工人和商业的利益放在最优先的地位。

1966 年 12 月 19 日，联合国大会通过《外层空间条约》，1967 年 1 月 27 日开放供签署，1967 年 10 月 10 日生效，有效期被定为永久有效。该条约第一条便明确了太空的共同利益原则：探索和利用外太空应为所有国家谋福利，而无论该国的经济或科学发展水平如何。

第五层面：《国家太空战略》将为体制改革赋予优先级，以便打开束缚美国工业的枷锁，确保美国成为全球太空服务和太空技术的领导者。

当一个产业中出现几大巨头，而这些巨头又各自把持着相对细分的技术领域的时候，僵化、低效和傲慢这三大阻碍就产生了。比如，提到卫星制造，马上就想到某公司；说起造火箭，哪家企业就赶紧跳出来说话。

在商业航天产业尚未蓬勃发展的 20 世纪 90 年代，整个美国有 35% 的科学家和工程师都集中在军火巨头企业中。这些企业榨取了美国 71% 的科研投入，最终，对美国的经济产出却只有 5.7% 的贡献。

在新的发展态势下，波音、洛克希德·马丁这些巨头会主动资助美国航空航天学会，会扶持和帮助技术实力顶尖的独立工作室。

（二）美国精神

《国家太空战略》发扬了美国精神，是对美国传统的开拓和探索精神的延续。这种延续体现在四个方面。

第一方面：《国家太空战略》构建了美国争做太空探索先驱的传统，为下一代的美国太空探索奠定基础。可以预见，2019 和 2020 财年的 NASA 预算有了保障。

第二方面：《国家太空战略》毫不避讳地表明一点：确保科学研究、商业和国家安全能够从太空探索中获益是当前的首要任务。这一部分重申了一开始就提到的太空探索的三大目的：研究尖端技术、推动产业发展、保护国家安全。

第三方面：美国将继续在与盟友及伙伴的繁荣富强、安全稳定和其他日常生活密切相关的关键太空系统领域发挥作用，主导对这些系统的创建和维护工作。

第四方面：本战略将研究出能够确保美国在太空领域领导地位的方法。

（三）实力

《国家太空战略》强调太空领域的和平是通过在太空领域的实力来保障的。美国在特朗普政府的《国家太空战略》中把实力解构为六个维度。

（1）第一维度。

为了确保美国在国家安全、经济繁荣和科学知识方面的领先地位，《国家太空战略》应确保以下两个至关重要的权利：无阻碍地进入太空的权利；无约束地在太空自由航行的权利。目前，人类的火箭发射次数与发射密度还是远远跟不上科技和经济发展的速度，主要阻碍在于发射审批流程的繁杂和发射资质的难以获取。而太空自由航行权是确保今后卫星轨道资源的布局和太空军事存在的前提。

（2）第二维度。

《国家太空战略》要求增强太空能力的安全性、稳定性和可持续性。太空不仅要随时上得去，自由飞得好，还需要长期待得住。这样才能产生持续有效的压制力量和威慑力量。

（3）第三维度。

《国家太空战略》明确，任何对美国在太空的核心利益构成威胁或者伤害的，在选定的时间、选定的地点，其被选定的领域都将会遭到以选定的方式进行的有力回击。2018年人类迎来太空探索的繁荣之年，迎来商业航天的崛起之年，同时，也迎来了太空军事化的元年。

（4）第四维度。

太空军事化，是各大航天强国在综合国力竞争过程中所产生的必然结果。在意大利军事理论家朱利奥·杜黑的制空权理论之后，人们自然而然地把作战区域向更高处拓展，于是就有了制天权的概念。太空是人类战场的新制高点。美军参谋长联席会中有过"哪个国家控制了太空，哪个国家就将最终掌控地球命运"的表述。

（5）第五维度。

美国期望太空永保和平，但是也做好了迎接和战胜任何挑战的准备。

（6）第六维度。

美国将会设法阻止、反击并击败在太空领域对美国及其盟友的威胁。《国家太空战略》的太空战规划从一开始就考虑到了和盟友的联合行动。

阻止、反击、击败三个层级，代表了不同的作战烈度：阻止，可以用军事演习、外交等多种手段来展示己方太空作战的能力，不战而屈人之兵，迫使对方妥协；反击，就是在阻止策略无效的情况下，发动烈度有限的局部太空军事行动，用干扰的方式实施软杀伤或者直接击毁对方的航天器，甚至可以俘获对方的航天器；击败，就是在反击之后遭受抵抗或者报复的时候，无限制上调作战烈度，不惜以全球丧失进入太空的机会为代价，赢得太空战的胜利。

（四）支柱

《国家太空战略》给出了实现以上所有愿景所需的四大支柱。

（1）第一支柱。

向更有弹性的太空架构转变：美国将会加速变革，以便增强太空架构的弹性、防御能力以及在遭受打击后的重建能力。太空架构的弹性，从操作层面会更加注重低轨星座的建设，以替代或者至少备份以往的单颗昂贵卫星的做法，如让大量卫星组成星座，并准备大量休眠的备份卫星。这样，即使部分卫星被反卫星武器击毁，整个星座的效能也不会受到明显影响。另外，就是要大力发展快速发射和快速在轨补充的能力（见图2）。

（2）第二支柱。

增强威慑和作战的选择能力：阻止潜在对手把冲突扩展到太空，如果阻止失败，就击败对手。

（3）第三支柱。

增强基础设施建设：加强态势感知能力和情报获取能力。美军战略司令部是美国国防部直属的九大一体化司令部之一，负责空间作战、信息作战、导弹防御、情报侦察监视、全球打击、战略威慑、大规模杀伤性武器监控等领域。

图 2　快速响应航天运输系统

（4）第四支柱。

创造良好的国内和国际环境：美国将精简流程以便更好地支持其商业航天产业。美国会寻求双边和多边合作，促进人类的探索事业，提升共担责任的能力，寻找共同应对威胁的方法。

SpaceX 公司能够为美国发射绝密军事卫星，这个事实已经表明了美国在简化监督和审批流程方面的诚意。商业航天企业的强势加入打破了军事领域和商业领域的界限。

美国在太空领域的核心利益，就是在新兴产业、尖端科技和国家安全层面，践行一切以美国优先为原则。

美国在太空领域的操作层面，将会力争获得无阻碍进入太空的自由及太空自由航行权。

美国这份太空战略，算是正式宣告废弃了国际太空公约，开始应对全球范围的太空军事化趋势，承认未来在太空爆发战争的可能性。

为确保技术的全球领先，美国将增加对太空探索的投入，精简商业航天参加军事领域活动的审批流程，扶持多种研发客体，改组传统军火巨头，扶持独立工作室和中小型研究机构。

1.1.4　"黑杰克"计划

（一）项目目标

"黑杰克"计划是由 DARPA 提出的，旨在由军方直接资助民营商业航天企业，使其能够提供多种卫星平台和发射能力，从而构建出具有超高性价比的、高度弹性化的军用低轨星座，成为一种同时在尖端军事和尖端科研领域用于可持续发展和超强生存能力的太空基础设施。

（二）卫星平台

一种有别于立方星的新的卫星平台被设计出来，而且这种体量更大的卫星是能够完成更多任务的，重量为 100～400 kg，可以同时携带两种或者三种任务载荷。

借助先进的类似 USB 接口的卫星平台设计理念，"黑杰克"计划的卫星能够做到对任务载荷的即插即用。也就是说，不必为通信、导航或者遥感等军事卫星各自设计平台，而是在平台的内包络和供电功率能够满足要求的前提下，卫星的姿态稳定度和变轨能力能够满足各种载荷的需要。

一颗原本用于近地轨道通信的"黑杰克"卫星，在需要的时候，可以在地面厂房内加上一个对地遥感模块，这样"黑杰克"卫星就瞬间成为一颗具备对地观测能力的卫星，而不必再重新立项和重新设计卫星总线。

以近十几年来的计算机硬件技术和主板技术成果的一种太空化为例。一块主板上面有多种接口，可以增添新的内存条，增加或者替换显卡，把千兆网卡更换为万兆网卡，增加固态硬盘等。只有具备这种能力的卫星平台，才能够跟得上弹性化的太空战略的要求。

首批"黑杰克"计划的卫星于 2021 年开始发射，并很快建起一个由 90 颗低轨卫星组成的示范性星座。计划 2022 年开启规模更大的星座建设计划，并且每年更替或扩充 25% 以上的卫星平台或者卫星载荷技术，以实现和最先进的民营商业航天企业相匹配的技术迭代速度。

（三）项目规模

项目包括 2 颗先导卫星，20 颗一期技术验证星，90 颗二期技术验证星，后续计划会转给专门的部门来采购和运营，预计最终会同时在轨运营 300 颗以上的卫星，且每年更替卫星平台（见图 3）或者卫星载荷技术的 25%，以便通过这种不亚于商业航天企业的迭代速度来努力维持军方尖端和领先的技术地位。

图 3　地面测控站

（四）部署计划

在 2021 年发射 2 颗卫星，随后在 2022 年年中之前完成 20 颗卫星的星座建设。这 20 颗卫星中，每 10 颗为一组，共两组，两组卫星运行在不同的轨道倾角上。同时，争取尽快完成 90 颗卫星的星座建设，更大规模星座的卫星平台与载荷的研制和采购工作将同步并行进行。

通过对不同轨道高度和轨道倾角的发射，兼顾美国及其盟友的几乎所有商业航天发射力量；通过达到对不同体量卫星平台和卫星性能指标的要求，兼顾美国及其盟友的几乎所有卫星研制企业。

（五）参加企业

目前有 21 家企业参与。

第一批为 6 家企业。欧洲空中客车（Airbus）公司、加拿大通信卫星公司（Telesat）率先给出了卫星平台的方案并得到了 DARPA 的首批订单；蓝色峡谷这家初创企业则打败了其他所有老牌的卫星设备供应商，成为"黑杰克"计划的首批星敏感器和飞轮的供应商；雷声公司、罗克韦尔·柯林斯集团、L3 哈里斯集团则成为首批"黑杰克"卫星星上载荷供应商。

第二批为 9 家企业，包括天空量子公司、三叉戟公司、SA 光子公司、诺斯洛普·格鲁曼公司、英国 BAE 集团等。

第三批于 2020 年 4 月份加入，是由洛克希德·马丁公司牵头的 6 家企业组成的联盟。

从 21 家参与企业组成的"黑杰克"计划供应商的组成架构来看，这是一个以初创先进商业航天企业为主，兼顾传统军火巨头的庞大体系。这种倚重商业航天企业的采购策略，与"黑杰克"计划的创始人——保罗·托马斯的人生经历有较大关联。

（六）潜在目的

"黑杰克"计划具体的潜在目标有五个：

第一，证明商业航天企业具备可靠且性价比极高的进出太空的能力和组建低轨星座的能力，为建设一种具有较高生存能力和任务弹性执行能力的太空军事力量提供支撑。

第二，"黑杰克"计划催生了"赌桌经理"项目。"黑杰克"计划和其他三个不便公开名字的计划，组成了 DARPA 的"赌场"工程。

"赌桌经理"项目是"黑杰克"计划的一部分，主旨是试着在 2022 年之前，开发出一种用于"黑杰克"卫星的自主化卫星任务管理系统。

这种管理系统能够大幅提升低轨星座对各种军事任务的支持能力，尤其在侦察、监视与跟踪新一代高超声速飞行器方面，"赌桌经理"系统将会像发牌官那样把具体的拦截任务下发给各个拦截单元。

第三，为下一代局部战争模态提供一种面向实战的导航增强功能。未来的战争，将会在更大的程度上依赖太空的基础设施。导航卫星星座将不再是单纯的导航信号广播提供方，还将主动承担信号诱骗、干扰和时空信息压制的任务。

第四，"黑杰克"计划除了具有正式把民营商业航天企业纳入整个军事太空基础设施建设中的重大意义之外，还有一个促进卫星星座自主化和智能化的作用。

原本民营商业航天是要在建设卫星星座的同时，发展一个和传统卫星测控产业类似的商业化测控体系的，但是"黑杰克"计划面向实战的战术技术指标，使得星座提供方不得不考虑卫星之间的相互连接，同时考虑整个星座对关键信息的处理与分发的自动化能力。

第五，"黑杰克"计划本质上是一种对太空项目的可持续发展要求的显式化表现。以美国大名鼎鼎的天基红外导弹预警卫星项目为例进行展开说明。

天基红外预警卫星星座，是美国空军和导弹防御局力推的新一代弹道导弹预警卫星项目，由 30 颗卫星组成。其中，4 颗卫星运行在地球同步轨道上，提供大范围的覆盖；2 颗卫星运行在大椭圆轨道上，注重对高纬度地区的观测；另有 24 颗卫星运行在大倾角的低轨道上，同时使用宽视野的扫描红外探测器和窄视野的凝视型多色探测器，提供弹道导弹助推爬升段的尾焰和关机点精确分析，以便提供落点预报。

然而这个卫星星座项目并未完全实现，甚至连预想的三分之一规模都没实现。主要原因在于波音公司和洛克希德·马丁公司的军事航天发射部门合并，成立了 ULA 公司，使发射报价大幅提升。

（七）颠覆传统作战形态

进入低轨巨型星座时代后，信息传输的自动化程度大幅提升，人类对基本信息和底层数据的处理能力在智能系统面前相形见绌。这个时候，前线和后方的界限彻底模糊，线上和线下也构成了强关联。基本作战单元的决策，更多的是依赖信息的获取程度，而不再是一线指挥官的随机应变。

战争在火力输出能力的能量流之外，加上了后勤保障能力的物质流和智能化巨型低轨星座提供的信息流。决策者拥有了之前的战场指挥官梦寐以求的居高临下的视野和事无巨细的海量信息。对这些信息的处理，也将大部分由自动化系统完成。决策者要做的，是进行更高维度的关键判断。这就是人在回路之上的军事决策体系。

1.1.5 "马赛克"作战

"马赛克"作战思想是美国顶级军事理论家群体基于美国未来将遇到的主要假想敌和新的战场环境挑战提出的一整套军事理论策略。

"马赛克"作战，用通俗的语言来说就是信息化时代的小、快、灵的军队作战体系建设和作战行动指导思想，用一系列分布式、易于组织、开发迭代迅速的较小军事执行单元，构建形态多变、易于隐蔽、难于预测的战役战术力量以获取战略优势的军事思想。

（一）杀伤链（Kill Chain）

杀伤链是一个从观察、判断、决策直到形成打击行动（Observe、Orient、Decide、Act，OODA）构成的完整的、最基本的军事行动过程。军事行动总是以用某种形式消灭敌人的某种军事或战略资产为目标，杀伤链是执行这个目标的过程。

军事行动也就是 OODA 这个过程执行的成功率越高、速度越快，在作战中消灭敌人的军事和战略目标就越多。同时，如果能有效打断或阻止敌人的 OODA 过程，如阻断敌人的侦察、消灭敌人的炮兵阵地，就可以使得己方的军事和战略目标尽可能得到保存。

（二）美军"马赛克"作战核心

可损失、可替换、易组合的灵活杀伤网是美军"马赛克"作战核心。美军理论家已经意识到，现代美军的问题是他们必须面对大国竞争，而大国竞争的特点就是高烈度、高强度、高损失。因此，美军必须构建一种可以承受高烈度作战、高强度损失且仍可以保有相当作战能力的作战组织体系。

将先进兵器变小，能力打散。一个集成了感知、决策、打击模块于一体并且还要能在复杂、高烈度战场生存的兵器是非常昂贵的，而如果兵器变小，仅具备 OODA 过程中的一部分能力，其造价就会降低，研发迭代过程就会加快。武器系统越复杂、模块越多，研发和测试周期就越长。

作战组织必须有高度的可塑性。这种作战组织必须有能力让敌人无法预测、感到惊慌。美军当前把作战网络组织方式暴露在敌人面前，这一状况必须有所改变，必须能以敌人想象不到的方式构建出全新的作战组织。

指挥前移，灵活的作战组织。高烈度战争中，战场态势瞬息万变，中心化的指挥无法跟上这种变化，了解战场真正面貌的只有前线指挥官。必须让前线指挥官群体拥有基于可用军事资源快速组织、快速打击、快速完成 OODA 过程的能力，这种组织对域外能力的依赖越小越好。比如，空战中长机被摧毁，4 架僚机处于电磁干扰中，预警机无法联络，4 架飞机是否有能力快速组成有效组织完成至少一部分任务。又如，陆战中合成旅因为坐标暴露，一轮炮火覆盖下损失过半，虽然及时展开撤退，但是旅长、副旅长阵亡，通信被屏蔽无法联络指挥部，幸存的装甲营营长是否可以接管指挥并快速收拢部队展开撤退、构筑防线等任务。

1.1.6 "星链"计划

"星链"计划（Starlink）是 SpaceX 推出的一个通过部署近地轨道卫星星座，提供覆盖全球的高速互联网接入（通信）服务的工程项目。

2015 年 1 月，SpaceX 公司首席执行官（CEO）埃隆·马斯克在美国西雅图市首次宣布实施"星链"计划，旨在为世界上的每一个人提供高速互联网服务。该计划利用卫星弥补传统的地面通信设施，帮助偏远地区（如荒原、极地、深海、高山群、城市群以及高楼群等）接入高速宽频互联网，为城市地区提供价格优惠的互联网业务（如网络游戏等）的服务。

2019 年 10 月，SpaceX 公司又将"星链"计划的卫星发射总数量从 1.2 万颗更新到 4.2 万颗，其中，1.2 万颗已获批准，3 万颗已提交申请。SpaceX 公司计划在 2025 年前，由"星链"计划发射约 12 000 颗卫星（见表 1-1）以实现信号覆盖全地球，且预计其将在地面建设超过 100 万个地面站（接收终端）和 6 个卫星（地面）网关站。

表 1-1 "星链"早期建设计划

建设期	I 期	II 期				III 期
轨道面/个	22	32	8	5	6	—
每轨道面卫星数量/颗	72	50	50	75	75	—
轨道高度/km	550	550	1 130	1 275	1 325	340
倾角/°	53	53.8	74	81	70	—
每轨道高度卫星数量/颗	1 584	1 600	400	375	450	—
每期卫星数量/颗	1 584	2 825				7 518
卫星总数/颗	11 927					

2019—2024 年，"星链"计划发射 11 927 颗卫星到近地轨道，构建了一个巨型三层卫星网络。这三层分别位于距离海平面高度 340 km、550 km 和 1 150 km 的轨道上，最终使所有卫星连成一个巨大"星座"，为整个地球（包括南北极）全天候提供高速、低成本的卫星互联网。

"星链"计划建设基本上分三步走：第一步是用 1 584 颗卫星完成初步覆盖；

第二步是用 2 825 颗卫星完成全球组网（Ku 和 Ka 波段）；第三步用 7 518 颗卫星（V 波段）组成更为完整的低轨星座。前两步的卫星总数量为 4 409 颗，位于低地球轨道（LEO），这些卫星工作在较为传统的 Ka 波段和 Ku 波段；第三步的 7 518 颗卫星位于甚低地球轨道（VLEO），将工作在 V 波段。

2022 年 7 月，SpaceX 在加利福尼亚海岸进行了当年的第 32 次发射任务，打破了之前该公司一年内发射次数最多的纪录，将 46 颗"星链"卫星送入极地轨道，提供全球宽带服务。本次发射后，"星链"卫星的总发射数目达到 2 904 颗。

（一）"星链"计划是美国太空安全战略转型的外在表征

冷战结束以来，太空安全一直是美国政府关注的重点。特朗普执政后，美国在太空领域频频出招，企图建立太空优势，服务于其大国竞争战略。

2017 年 6 月 30 日，特朗普签署总统令，宣布重启美国国家太空委员会。随后，美国国防部发布《国防战略报告》，将太空明确定义为"作战领域"。2017 年 10 月，美国新美国安全中心（CNAS）国防战略与评估项目专家建议特朗普政府制定新的太空战略，着力解决太空法律、太空科学探索、太空商业、太空安全等方面的综合性问题，维持美国的全球太空领导权和太空霸权。

2018 年 3 月 23 日，美国发布新版《国家太空战略》，提出了"维持美国在太空领域强大竞争力"的战略目标。

2019 年 2 月，美国国防部发布了《太空安全面临的挑战报告》，详细介绍了中、俄的反卫星武器，包括电子战系统、定向能武器以及动能反卫星导弹，认为中、俄极可能寻求使用激光武器摧毁、弱化或损伤美国及其盟友的卫星和传感器，这些都对美国在太空领域的地位构成了挑战，并对美国及其盟友的太空行动自由产生威胁。

2019 年 8 月 29 日，特朗普宣布成立美国太空司令部；12 月 20 日，《2020 年国防授权法案》生效，标志着美国太空军正式成立。2020 年 6 月 17 日，美国国防部发布新版《太空防务战略概要》，这是继组建美国太空发展局、独立的太空司令部及太空军后，国防部公布的首份美国太空战略纲要，该战略纲要要求美国全面推进太空军事化，建立全面的太空优势，确保美国的太空领导地位。

2020 年 8 月 10 日，美国太空司令部发布美国太空军拱顶石出版物《太空力量》，进一步说明了美国太空军的使命是确保太空行动的自由、塑造安全的太空环境和保护美国的经济安全与繁荣。

2020年12月9日，美国政府发布《国家太空政策》，再次明确指出了太空行动应遵循的原则，以及美国在民用太空探索、商业增长和国家安全方面的目标等。

目前，美国太空安全战略有以下几个特点：一是对太空的战略定位从过去的战略支援领域转变为独特的作战领域；二是建立太空弹性架构，企图确保美军在太空的战略优势；三是通过积极发展商业航天来提升太空系统的冗余与韧性，加强太空军事能力。

而"星链"计划的产生与推进，完全契合了特朗普执政时期美国太空安全战略转型的要求。首先，"星链"计划实施以来，已经与美国空、陆、天军开展了多次合作，其军事用途广泛，将显著提升美军的太空作战能力；其次，"星链"计划作为低轨卫星星座的代表，完全符合 DARPA 对未来卫星系统的要求，将大大增加美国太空的弹性结构；另外，"星链"由商业航天公司 SpaceX 设计、打造，可以使美国军方充分利用商业化的创新技术和新的商业运行模式，加快太空技术在军事领域的运用。在推进节奏方面，"星链"计划与美国太空安全战略转型也有一定的契合度。

2017年8月，DARPA 首次提出"马赛克战"概念，旨在以"马赛克兵力"作为对抗主力，将作战重心聚焦于 OODA 作战环的"判断—决策"环节。与此同步，SpaceX 将两大互联网星座计划正式统一为"星链"并申请商标注册，而"星链"计划中的4.2万颗卫星一旦部署完成，就像是在低轨空间部署了一层包围地球的"巨型马赛克"，整个星座中不同的卫星搭载通信、侦察、导航、气象及攻防等不同载荷，能够根据任务需求快速塑造感知态势、灵敏机动部署，其在未来战争中的"马赛克效应"，包括迷惑对手、占据主动的作用将会凸显。

从现实看，美国太空安全战略转型在一定程度上是通过"星链"计划来实施的。2019年3月12日，美国国防部组建太空发展局；7月1日，太空发展局发布第一份项目需求，提出"下一代太空体系架构"设想，旨在通过利用私营公司的资源以及行业的最佳实践，快速开发一个多功能的小型卫星星座。这个项目将美军新一代太空体系建设的军事需求明确指向导弹防御和太空对抗，标志着美军太空装备体系发展思路与途径的巨大转变。

仅一年后，即 2020 年 10 月，太空发展局宣布，将授予 SpaceX 公司 1.49 亿美元、L3Harris 公司 1.94 亿美元的合同，分别为美国"下一代太空体系"中的"跟踪层 0 期"制造 4 颗军用卫星，用于防御弹道导弹、巡航导弹和高超声导弹，提供预警和跟踪信息。

因此，"星链"计划的发展与美军存在全方位、多领域的密切互动，"星链"计划已经在战略层面上成为美国推进太空安全战略转型的关键一步、重要方式和载体，其本身已不仅是一个简单的航天领域商业计划，背后还有着重大的战略和军事意蕴。

（二）"星链"计划催生国际安全新问题

"星链"计划作为第 4 次产业革命的技术发展与美国新时期太空安全战略转型的共同产物，其应用和推广将对未来的国际太空安全维护形成巨大的挑战。

（1）"星链"计划将对其他国家的国防安全构成新威胁。

"星链"作为一种低轨卫星互联网通信系统，可以提供全球无死角的信息化军事侦察和通信服务，全方位支援陆海空军的作战计划。随着太空战场日渐成为大国竞争的主战场，美国凭借核心的卫星互联网技术就能威胁其他国家的战略安全，掌握未来战争的主导权。2020 年 1 月 3 日，美国利用无人机定点清除了伊朗少将卡西姆·苏莱曼尼（Qasem Soleimani）；同年 11 月 27 日，伊朗核计划负责人、首席核科学家穆赫辛·法赫里扎德（Mohsen Fakhrizadeh）在德黑兰附近遭到暗杀，这些行动均离不开通过卫星网络实现的全球高速通信能力和空天协同能力。未来"星链"计划若大规模应用到军事领域，将进一步增强美军的卫星通信和无人作战能力。同时，"星链"这种低轨道卫星距地面更近，会大大增加卫星所搭载的光学传感器的分辨率，使其能够以更高的精度拍摄照片，4 万多颗卫星相当于 4 万多个永远挂在空中的高清晰度照相机，这对其他国家的国防安全会构成巨大威胁。不仅如此，"星链"卫星通信还可能在一定程度上引起作战方式的改变。每一颗卫星都可以将其在战区上空拍摄的高清图片和视频通过"星链"传输给前线指战员。同时，无人机在战场上空搜集的巨量数据再也不用在本地压缩处理，而是直接将原始数据通过"星链"传输到远在地球另一端的指挥部，再通过超级计算机从中分析出有用的数据，对战场态势做出更精确的分析，使战区指挥官能够更快、更准地进行决策。"星链"计划会进一步扩大美国的军事优势，未来可能对其他国家，特别是大国的国防安全形成新的威胁。

（2）"星链"计划将对其他国家的信息主权和信息监管形成新挑战。

空天资源融合一直是大国角力的"未来战场"。"星链"计划拓展了国家信息和网络安全的内涵，使网络空间的监管问题日趋复杂，并且难度大幅提高。"星链"具备全球覆盖、低时延、高带宽的通信能力，这样一个庞大的低轨卫星网络，是参与竞争空天信息主导权的强有力工具。"星链"计划一旦在全球完成部署，几乎能掌握全球数据交换的规则制定权。在高速发展的信息时代，掌握了数据控制权就等于控制了信息主导权。与此同时，"星链"作为美国设计研发的卫星互联网通信计划，旨在为全球提供互联网接入服务，这一定会涉及许多跨国性信息和数据监管的问题，也会带来新的监管空白区域。根据国际电信联盟提出的《无线电规则》，除卫星广播业务外，任何国家不能向其他国家提出外国卫星网络不可覆盖本国领土的要求。因此，任何覆盖该国的境外卫星均具有在该国境内开展卫星互联网业务的资格，并且其卫星通信链路不受被覆盖国的监管。因此，"星链"计划作为美国的卫星互联网业务，将会给其他国家的信息主权和信息监管带来巨大挑战。

（3）"星链"计划庞大的发射量将加剧频谱和空间轨道资源方面的竞争。

现今的全球卫星轨道可分为高、中、低三个轨道，低轨通信卫星的主要活动区间在距离地表 300～1 200 km 的太空。"星链"计划的轨道区间为 340～1 325 km，如果全部完成部署，将在整个低轨通道布满 4 万多颗卫星，这将大大影响近地轨道的资源利用效率。国际电信联盟对于轨道频谱采取的是"先到先得"原则，且相近频率间会产生信号干扰，原则上不同的卫星通信系统不能使用相同频率。因此，只要空间轨道申报成功，即便"星链"的卫星还未发射，他人也将无权再使用，后申报的项目也不能与之前申报的项目产生冲突。如此一来，低轨区域里几乎被"星链"卫星布满，这意味着低轨轨道资源越来越稀缺，类似的项目想要规避"星链"轨道将变得越来越难，而且要付出更多的额外成本。由此可见，"星链"计划的目的之一是通过大批量的卫星快速发射部署来迅速占领低空轨道，遏制其他国家的太空事业发展，以技术优势剥夺其他国家和平利用太空的发展权。

（4）"星链"计划庞大的卫星数量将给太空的和平利用带来巨大挑战。

　　未来"星链"计划发射 4.2 万颗卫星，这就意味着在本就拥挤不堪的太空中又多了 4.2 万个运行单位，将不可避免地产生大量的太空垃圾。此外，"星链"的卫星寿命设计为 5 ~ 7 年，在完成使命后，如何避免失效的卫星出现控制不住的"失联"状况，保证安全可靠的回收也是将来 SpaceX 需要面临的一大难题。"星链"计划存在着占用太空空间，影响国际航空航天安全，甚至威胁人类地面生存安全的风险。对此，哈佛大学史密松天体物理中心的科学家乔纳森·麦克道尔（Jonathan McDowell）在对照分析了 SpaceX 和美国政府提供的数据后，发现已经发射上天的 800 多颗"星链"卫星中，有大约 3% 已经失效。如果目前的故障率不下降，那么"星链"未来最多将能产生 1 200 多颗"死"卫星，太空碎片数量庞大，会增加相互碰撞的概率，并导致产生更多的碎片，直接威胁到航天器的安全，影响人类探索与利用太空的活动。大量报废卫星可能造成太空的凯斯勒现象。"星链"计划一旦完成部署，将会让整个低轨道区域布满太空垃圾，从而威胁其他卫星生存，甚至影响人类向太空发射更高轨道卫星的计划，其最严重的后果是直接影响到未来世界各国探索太空的能力，把人类彻底"锁死"在地球上几百年。

1.1.7 "阿尔忒弥斯"计划

　　2017 年，时任美国总统特朗普发布"1 号航天政策指令"，由此 NASA 开始积极规划 2028 年实现人类重返月球的相关活动。在 2019 年 3 月 26 日，美国副总统彭斯在国家航天委员会第五次会议上提出，提前 4 年，即 2024 年实现航天员登陆月球南极地区，要求 NASA"使用一切必要手段"确保登月任务取得成功。为此，NASA 重新规划载人登月时间表和任务细节，发布了《飞向月球：NASA 月球探索战略计划》。

　　2020 年，NASA 选定三家公司开展登月飞行器方案论证；5 月发布"阿尔忒弥斯"计划（见表 1 - 2），为美国主导下的探月活动明确国际法律基本原则和规则框架，进而影响和推动国际社会就太空资源活动的合法性达成共识。该计划与"阿波罗"工程最主要的区别（见表 1 - 3）在于，这次要在月球留下来，而不只是在月球留下痕迹、带走样品。"阿波罗"工程的载人飞船没有太阳能帆板，只携带足量的电池组，最终需要在有限的时间内完成尽可能多的任务，最长的任务周期只有 13 天。

表 1-2 "阿尔忒弥斯"计划时间表

时间	任务	内容	备注
2017 年	1 号航天政策指令	与国内和国际合作伙伴共同领导一项创新且可持续的探索计划,以帮助人类在太阳系中扩张,并将新的知识带回地球	在未来十年将宇航员送上月球,并为人类探索火星奠定基础
2019 年	2024 年到达月球	未来五年内,宇航员将在月球南极登陆	《飞向月球:NASA 月球探索战略计划》
2019 年	商业交付	NASA 与九家美国公司合作,在登月之前将新的科学仪器和设备发送到月球	根据需要订购更多的月球运载工具
2020 年	"阿尔忒弥斯"协议	为登月提供基本框架	—
2020 年	"阿尔忒弥斯"1 号	无人驾驶飞船的飞行试验	—
2022 年	"阿尔忒弥斯"2 号	载人环月飞行,SLS + "猎户"飞船	—
2022 年	第一个月球空间站	商业火箭发射动力模块	—
2023 年	月球车	与商业公司联合开发,送到月球南极	—
2024 年	第二个月球空间站	商业火箭发射小型居住舱	—
2024 年	月球着陆系统	商业火箭发射着陆系统	—
2024 年	"阿尔忒弥斯"2 号	将人送到环月轨道,从月球空间站中转登月	

表 1-3 "阿波罗"工程与"阿尔忒弥斯"计划比较

项目	"阿波罗"	"阿尔忒弥斯"
目标	在月球留下痕迹、带走样品	寻找月冰,建立月球基地,开发资源,长期驻留

项目	"阿波罗"	"阿尔忒弥斯"
任务周期	最长 13 天，有限时间内完成尽可能多任务	长期
目的地	月球南北纬之间	月球南极
飞行器	土星 V + 飞船 + 登月舱	SLS + "猎户座" + 登月舱 + "环月"空间站
重复使用	一次性	飞船与登月舱可重复使用
组织模式	政府	政府 + 商业公司

NASA 将深空计划定名为"阿尔忒弥斯"（Artemis），计划 2024 实现载人登月，2028 年具备持续月球探测能力，通过月球活动为载人探火积累经验。

2028 年前，NASA 为"阿尔忒弥斯"规划了 37 次发射任务，其中航天发射系统（SLS）重型火箭 8 次，其余均采用商业火箭发射。

NASA 发布"阿尔忒弥斯"1 号三个发射窗口：

2022 年 8 月 29 日 8：33，任务期 42 天，10 月 10 日"猎户座"飞船着陆。

2022 年 9 月 2 日 12：48，任务期 39 天，10 月 11 日"猎户座"飞船着陆。

2022 年 9 月 5 日 17：12，任务期 42 天，10 月 17 日"猎户座"飞船着陆。

1.1.8　"星舰"计划

超重—"星舰"（SuperHeavy – Starship）是 SpaceX 为"殖民火星""使人类成为多星球物种"的伟大愿景而研制的重型太空运输系统，具备完全重复使用和超大的运载能力，可执行近地轨道、月球、火星甚至更远轨道的商业航天发射任务。

超重—"星舰"目前已通过美国联邦航空管理局（Federal Aviation Administration，FAA）的环评，预计 2023 年完成首飞。首飞中，为简化状态，重点考核动力及控制的设计正确性，一子级栅格舵上升段也是打开状态，一、二子级在海面实现软着陆，类似于"猎鹰"9 在正式回收之前的受控落海试验。

一子级栅格舵展开状态相比收拢状态对全箭总阻力影响可增加 15% 左右，对全箭法向力分布特性及压心位置影响较小。

(一）"星舰"发展历程

2016年9月，在墨西哥举行的第67届国际宇航大会上，马斯克发布了"让人类成为一个多星球物种——SpaceX的火星殖民方案"的演讲，阐述了Space X公司殖民火星的系统方案，即行星际运输系统（Interplanetary Transportation System，ITS）。其目的就是打造一整套往返火星的箭船系统，理论上还可以往返于木星、土星，还能亚轨道飞行，打造1小时地球圈。

"星舰"于2019年9月28日在德州首秀，原型"星舰"命名为Mark1，后改名为SN系列。从2019年11月20日开始测试，历时一年后，已完成Mark1—SN8累计10台"星舰"建造，历经贮箱低温压力测试、静态点火测试以及垂直起降测试，测试过程中损失6台星舰：加压测试中损坏5台"星舰"，静态点火中损失1台。SN5首次完成150 m垂直起降试验，SN6同样完成150 m垂直起降测试；SN8装配三台"猛禽"发动机，也是第一艘带翼原型机，装配头锥和前翼，前后翼采用电机驱动和变速箱，已完成静态点火测试，将进行15 km飞行试验。SN9更进一步，不仅全部采用新型不锈钢304L，并在其腹部大面积增加耐高温瓷片，作为穿越大气层的隔热层（TPS），这意味着SN9有可能在大气层里飞得更高，飞行难度更大。同时，正在打造中的"星舰"系列包括SN10、SN11、SN12、SN13、SN14，按计划将进行到SN20，历次试验与结果如表1-4所示。

表1-4 "星舰"研制进展

名称	时间	试验内容	备注
Mark1	2019年11月20日	首次进行燃料罐压力测试，加注液氮导致Mark1爆裂	测试损坏的第一艘原型"星舰"
SN1（Mark3）	2020年2月28日	由于不锈钢焊接问题所致，加注液氮时整体爆裂	测试损坏的第二艘原型"星舰"，从Mark系列切换至SN系列，即第三代原型"星舰"SN阶段，开启高密集测试模式

名称	时间	试验内容	备注
SN2	2020 年 3 月 9 日	燃料舱成功闯关，顺利通过超低温加压测试	—
SN3	2020 年 4 月 2 日	由于气阀在超低温加压时泄漏，加注液氮测试时舱体扭曲崩溃	测试损坏的第三艘原型"星舰"
SN4	2020 年 4 月 26 日	成功闯过超低温压力测试，成为首个通过低温加压测试的全尺寸原型"星舰"	—
	2020 年 5 月 5 日	完成首次静态点火测试，使用序列编号为 SN18"猛禽"发动机	—
	2020 年 5 月 7 日	完成第二次静态点火，同样使用序列编号为 SN18"猛禽"发动机	—
	2020 年 5 月 19 日	第三次静态点火，使用序列号为 SN20 的"猛禽"发动机。由于推进剂加压过大，导致甲烷排放管着火，持续燃烧大约 15 分钟，"星舰"完好无损	—
	2020 年 5 月 28 日	完成第四次静态点火，同样使用序列号为 SN20 的"猛禽"发动机	—
	2020 年 5 月 29 日	第 5 次静态点火后突发爆炸	测试损坏的第四艘原型"星舰"
SN5	2020 年 8 月 4 日	首次 150 m 低空试飞	—
SN6	2020 年 9 月 3 日	首次 150 m 低空试飞	—

名称	时间	试验内容	备注
SN7	2020 年 6 月 23 日	首次使用 304L 不锈钢打造的 SN7 极限压力测试爆裂	测试损坏的第五艘原型 "星舰"
SN7.1	2020 年 9 月 23 日	极限压力测试, 有意让舱体爆裂	测试损坏的第六艘原型 "星舰"
SN8	2020 年 10 月 20 日	SN8 首次静态点火测试, SN8 安装 3 台 "猛禽" 发动机	
SN9	2020 年 9 月 26 日	首次全部采用 304L 不锈钢的 SN9 开建	—
SN15	2021 年 5 月 5 日	完成 10 km 飞行并成功返回	—

（二） "星舰" 演进总体方案参数

"星舰" 演进总体方案具体参数如表 1 – 5 所示。

表 1 – 5　"星舰" 演进总体方案参数

参数	ITS	BFR	"星舰"			
发布年份	2016	2017	2018	2019	2020	2021
飞船高度/m	49.5	48	55 （含尾翼）	50		
芯级高度/m	77.5	58	—	68	70	72
总高度/m	122	106	—	118	120	122
直径/m	12	9				
飞船发动机配置与数量/台	9 （3 海平面 + 6 真空）	6 （2 海平面 + 4 真空）	7 （均为海平面）	6 （3 海平面 + 3 真空）		
芯级发动机数量/台	42	31		37	31	29→32
起飞推力/MN	128	52.7	60.8	72	—	—
起飞质量/t	10 500	4 400	—	—	—	5 000

续表

LEO 运力/t（一次性使用）	550	250	—	—	—	—
LEO 运力/t（完全可复用）	300	150	>100			
主体材料	—	碳纤维复合材料	碳纤维复合材料→不锈钢	不锈钢（301→304）		

"超重"火箭为通用助推模块，高约 70 m，直径 9 m，推进剂加注量为 3 300 t，采用 29~33 台"猛禽"液氧、甲烷发动机，设 4 个菱形栅格舵，采用垂直起降技术进行回收。

"星舰"高 50 m，直径 9 m，设 6 台"猛禽"液氧、甲烷发动机（3 台海平面型＋3 台真空型），采用双鸭翼＋双尾翼，设 6 个可伸缩着陆支腿，防热系统采用防热瓦，反作用控制系统（RCS）为挤压式液氧、甲烷热气推力器（见图 4）。

图 4　重箭 B4 ＋ "星舰" 20

当从轨道返回时，"星舰"不以垂直姿态进入大气层，而是以 60°倾斜的姿态及 25 倍音速的超高速度"躺着"进入大气层。"星舰"由 4 个单独控制的襟翼精确引导下降，尽可能最大限度地利用空气制动。最终在接近地面时还将进行一次大幅机动，点燃"猛禽"发动机进行翻转，最后垂直到达地面进行精确着陆（见图 5）。

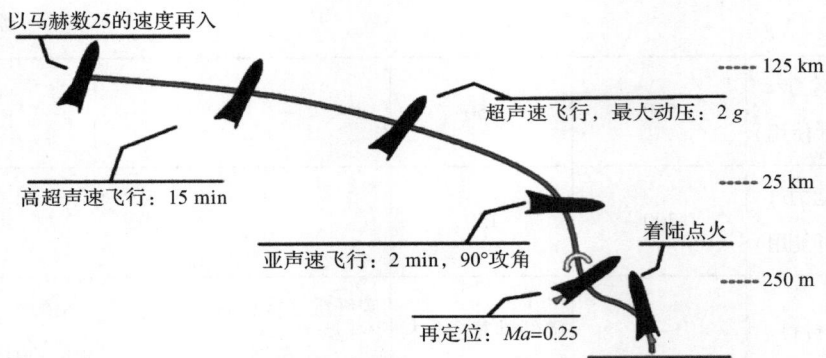

图 5 "星舰"轨道再入剖面图

"星舰"一子级配置了 29~33 台"猛禽"发动机，其中心配置 9 台带万向节的海平面版，外圈配置 20 台不带万向节的海平面版。一级发动机全部工作时能产生 6 090~7 590 t 的推力（见图 6）。

图 6 "星舰"一子级发动机布局

"星舰"二子级中心配置 3 台带万向节的海平面版"猛禽"发动机，外圈配置 3 台不带万向节的大膨胀比真空版。二级发动机全部工作时能产生约 1 320 t 的推力（见图 7）。

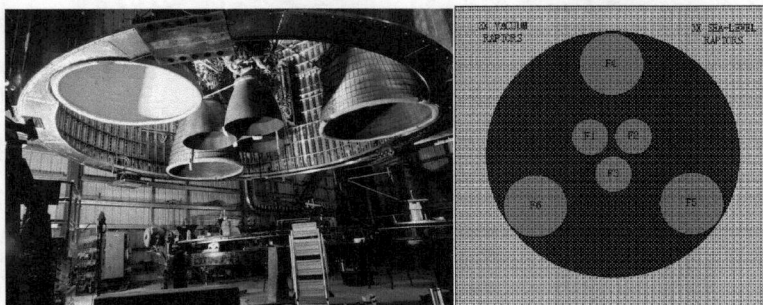

图 7 "星舰"二子级发动机布局

■ 1.2 苏联/俄罗斯

1.2.1 当前现状

2021 年俄罗斯航从拜科努尔、东方、普列谢茨克和圭亚那航天中心 4 个航天发射场成功发射了 25 次火箭，持续保持着无事故纪录，是俄罗斯近代史上的一个壮举。但近几次计划中的发射不得不推迟，其中包括 Obzor – R 雷达卫星、Meteor – M 气象卫星、Ionosfera 小型航天器、Glonass – M 和 Glonass – K 及 Glonass – K2 导航卫星。

2021 年，俄罗斯完成了 Luna – 25 飞行样机的组装和总装，并进行了大量的地面试验测试。现在将继续进行电子无线电工程测试和器载软件开发。

Luna – 25 任务发射被推迟主要是因为，到 2022 年 10 月 "发射窗口" 关闭时都没有完成测试。其他任务推迟发射有以下几个原因：

第一个原因是，俄罗斯工业对进口零部件的依赖依然存在，在对俄制裁最严厉的背景下，这已成为俄工业沉重的负担，对航天级微电子来说尤其如此。为了减少依赖，俄罗斯在几年前为国内微电子企业建立了定制订单组合以满足需求，这些企业不在俄罗斯工业和贸易部的管辖范围内。然而，为了转向不依赖进口的电子组件库，设计人员必须重新设计各个航天器系统，这就是延迟的原因。解决问题的另一种方法是使用通用技术和电路解决方案。此外，俄罗斯曾经在整个航天器系统中分别使用了多达 9 种不同的机载计算机，现在已经切换到两三台通用计算机，显著降低了设计成本和时间。

第二个原因是，缺乏发射导航卫星的业务需求。例如，Glonass – M 系列卫星在轨道上运行，其寿命大大超过估计的 7 年。此外，还建立了轨道备份，使在轨卫星能够在短时间内接管失效的 "兄弟" 卫星功能。因此，2022 年没有发射导航卫星的迫切需求。Glonass 系统现有的导航能力完全符合当前要求。

（一）2021 年航天计划的经费情况

近年来，俄罗斯的航天计划经常得不到充足经费已经不是什么秘密了，这肯定会影响项目进度。尽管如此，在总统的支持下，俄罗斯航天国家集团公司

（Roscosmos）成功说服政府在 2021 年向其拨付 65 亿卢布，并在未来两年向其拨款类似数目用于空间科学研究。资金将主要用于俄罗斯的月球探测计划——Luna-25、Luna-26 和 Luna-27 项目，以及 Spektr-UF 任务、金星探测任务和 ExoMars 项目。

值得注意的是，Roscosmos 不仅关注近地空间和深空探索，还关注国防工业和多元化。在国防部的命令下，俄罗斯的企业正在制造侦察和通信航天器、洲际弹道导弹、发射器和地面设备。如今，国防占俄罗斯联邦航天局总产值的 50% 左右，民用和军民两用产品的产量正在增长。

（二）关于俄罗斯联邦航天局员工和下属机构

截至 2021 年年底，约有 17 万人在 Roscosmos 工作。目前，Roscosmos 包括遍布俄罗斯各地的 75 家机构：32 家企业在莫斯科运营，圣彼得堡、沃罗涅日、萨马拉、叶卡捷琳堡、铁戈尔斯克、鄂木斯克、克拉斯诺亚尔斯克、托木斯克和其他城市都有业务。

（三）关于行业企业的财务状况

俄罗斯面临着一个巨大的财务问题，这个问题在过去几年里一直被忽视。能源火箭航天公司和赫鲁尼切夫国家航天科研生产中心（两者均为 Roscosmos 下属机构）正从这个财政困境中走出来。俄罗斯对这些企业稳定财务的复苏计划感到非常满意。

1.2.2　面临困境

苏联的解体导致当时正在进行的、颇有前途的计划被迫中断，这些计划原本可为俄罗斯航天事业提供在近地空间和深空探索、开发方面的独特机会，其中包括"能源—暴风雪"计划和多功能空中发射系统。通过令人难以置信的努力，俄罗斯成功地拯救了载人探索计划，并确保了技术的可靠性。

（一）关于组建俄罗斯联邦国家航天企业的想法

在苏联时期，许多火箭和航天公司都是独立的，就像某种自给经济。它们的领导人——科罗廖夫、扬格尔、乌特金、切洛梅、格卢什科——的强大权威促成了这一局面。而在这方面，俄罗斯航天是工业"权威"的集合。对俄罗斯联邦来说，各自分立是不可想象的事。因此，组建单一公司的想法出现并被付诸实践，且在此过程中，俄罗斯完全消除了工作中不必要的并行性，同时保持了各设计院、研究所之间的竞争。

（二）关于俄罗斯航天近年发生的重要事件

在过去几年里，俄罗斯航天发生了一些重要的事情。首先，人们注意到了之前由于组织或意志的原因而没有实施的项目，典型的例子是国际空间站"科学"（Nauka）实验舱的发射和东方航天发射场的建造。

其次，有希望的项目仍在继续实施：新的载人航天器、新的"安加拉"和"联盟"5 运载火箭、正在制造的甲烷发动机 RD - 0169。就在当地时间 2021 年 12 月 30 日，对"安加拉"火箭上面级所用的 RD - 0146 发动机进行了点火测试。

1.2.3　主要举措

俄罗斯自组建空天军和 Roscosmos 以来，不断强化顶层设计，深化内部改革，推进装备升级，力求恢复航天强国地位。2018 年以来，发布《2018—2027 年国家武器装备计划》《俄罗斯航天国家集团公司未来 10 项发展原则》等文件，系统谋划航天未来发展；同时出台《俄联邦航天活动法修订案》，通过立法推进卫星商业遥感数据应用。

（一）系统谋划军事航天装备

时任俄罗斯副总理罗戈津 2018 年 2 月宣布，普京总统已批准《2018—2027 年国家武器装备计划》。新版计划将维持约 19 万亿卢布的总投资水平，主要任务是在 2020 年前实现武器装备现代化率 70%，强调保障前沿技术研发投入，重点发展包括航天装备在内的武器系统，建立一套包括航天装备、超视距雷达和防空导弹在内的完整防空系统，并以此为基础构建独联体成员国共同安全框架体系。根据新版计划，2020—2025 年间，俄罗斯将分阶段完成天基预警"统一航天系统"与新兴太空监视系统的构建，基本具备覆盖全球的天基预警能力和主要高、低轨道范围内太空目标监视能力。

（二）修改航天活动法，推进卫星遥感数据统筹共享

俄罗斯总统普京 2018 年 3 月签署《俄联邦航天活动法修订案》，重点是设立国家天基地球遥感数据库。修订案规定，国家天基地球遥感数据库由 Roscosmos 统一构建并实施管理，工作人员由政府指派，运行管理、遥感数据提供方式、合作机制等均由政府规定；强调通过国家天基地球遥感数据库，实现从国有和非国有卫星上获得的所有遥感数据集成共享，并面向国家政府部门以及执行国家采购合同的法人免费按需提供，向商业组织和个人有偿提供。一直以来，俄罗斯只向本国军方和政府免费提供卫星遥感数据，此举将从法律层面推进卫星遥感数据的商业化应用。

（三）明晰俄罗斯航天国家集团公司未来发展原则

Roscosmos 总经理 2018 年 6 月提出未来 10 项发展原则：对国防订货执行情况实施严格要求和特别监督；公司直接参与企业所有订货合同，与企业共担合同责任而不是仅承担政治责任；建立统一的装备订单管理部门，负责协调企业生产合作；将公司高管强制纳入主要下属企业理事会，其年度考核及晋升与所负责企业的业绩挂钩；鼓励创新；杜绝长期拖延和发展方向走偏，发展规划更加强调有利于取得新成就的项目；将公司定位为多元化集团公司；建立先期研究管理部门，确保军用、民用航天领域科技进步；重视与国家原子能公司合作，最大限度地利用其在替代能源、特殊和战略材料等领域的成果；支持私人投资者并与其共担风险。

1.2.4 未来方向

（一）关于国际空间站

2021 年，国际空间站（见图 8）俄罗斯段的在轨组装已经完成：期待已久的"科学"舱和"码头"舱已发射并对接。2022 年，作为俄罗斯国际空间站飞行计划的一部分，将发射 2 艘载人飞船和 3 艘货运飞船。预计俄罗斯宇航员将在年内进行多达 10 次舱外活动。作为与 NASA 合作计划的一部分，俄罗斯加强了组织交叉任务的工作，计划于 2022 年秋季进行首次乘员交换飞行。

图 8　国际空间站示意图

美国方面确实已经做出了对空间站延寿的决定，俄罗斯将主要基于对空间站的技术状态评估来决定是否对空间站俄罗斯段进行延寿，毕竟国际空间站已经远远超出原定运行寿命，俄罗斯也不希望乘员从事维护空间站的工作，而是希望他们开展更多科学实验。同时，安全问题每年都会增多，这意味着乘员的安全风险也会增加。此外，国际空间站有巨大的局限性，例如，俄罗斯不能用它来深入研究地球、确保与轨道星座的协调，以及对近地空间和深空，包括作为小行星/彗星灾害应对计划的一部分进行探索。从国际空间站上俄罗斯只能看到其 15% 的领土。

（二）关于俄罗斯轨道服务站

2021 年，普京总统支持启动俄罗斯轨道服务站（ROSS）初步设计的决定。启动初步设计任务已包含在 2022 年的政府令中。关于 ROSS 的最终决策，将在初步设计完成后做出，并与俄罗斯载人空间探索的未来联系起来，包括作为前往月球的中转站。

新空间站有不同的轨道倾角——不是和国际空间站一样的 51.6°，而是 97°~98°，这将允许新空间站每两天飞遍整个地球，并且每 1.5 小时飞越一次两极，尤其是北极。站外将配备对地观测和深空观测设备。2021 年 12 月，俄罗斯向 RSC Energia 拨款，开始该站的初步设计。第一个舱段已经开始实际建造。

由于资金限制，俄罗斯不能同时"拉动"国际空间站和新空间站建设。当然，有必要提供一定的"重合"期，届时国际空间站和俄罗斯空间站将并行运行一段时间，就像 20 世纪 90 年代末到 21 世纪初"和平号"空间站和国际空间站同时飞行的情况一样。俄方认为国际空间站将能够在轨道上运行到 2028 年，不会更久了。但是，俄方也将主要根据技术限制来决定俄罗斯段的运行寿命，意味着其需要在此期间专注于新空间站第一个舱段的建造和发射。

（三）关于空间科学的投入

2022 年，俄罗斯开始资助前往金星的任务——金星-D；为新的月球探测器 Luna-26 和 Luna-27 分配资金；扩大新太空天文台 Spektr-UF 的工作；2023 年，在俄罗斯总统的支持下，俄方获得了发展空间科学的资金。

（四）关于新卫星发射

在 2022 年年底，俄罗斯计划推出新卫星星座 Sphere-Skif 的验证星，用于宽带互联网接入，同时计划开始建造 4 个 Express - RV 航天器。

（五）关于与中国等在探月领域的合作计划

俄罗斯与中国签署了包括备忘录、政府间协议等许多政策文件。在经费支持下，俄中两国正在积极开展国际月球科研站计划（见图 9）的第一阶段。接下来的步骤——在月球上建造基地——与建造轨道站相比，要复杂和昂贵许多倍。目前俄方正在与土耳其、巴西和其他国家就这一主题进行谈判，当然还有与欧洲航天局进行的谈判。

图 9　探月着陆器

（六）关于新型载人飞船

目前在国际空间站上所用的载人运输系统"联盟"号飞船具有许多优势，其中最重要的是高可靠性——几乎 100% 安全，以及 3 个小时左右的交会飞行时间，未来不会超过两个小时。但"联盟"号也有它的缺点，即容量不能超过 3 个人，更重要的是，"联盟"号最多只能携带 65 kg 货物返回地球。专家们提出一个可能的解决方案是开发可返回货物的轻型载人飞船。

新的载人飞船"鹰"（Orel），俄罗斯已经建造了几个样机进行动态和静态测试，目前正在测试船体的强度。其中一些样机已经转移到 TsNIIMash（中央机械制造研究所，Roscosmos 下属机构——译注）接受测试。该飞船可重复使用，如飞往月球最多可重复用 3 次，飞往近地轨道最多可重用 10 次。标准运载工具将是"安加拉"重型火箭。

2023 年年底俄罗斯将开始测试紧急救援系统，预计不会用"安加拉" - A5 测试真正的 Orel 飞船，而是在现代化的"安加拉" - A5M 上进行测试。"安加拉" - A5M 和"安加拉" - A5 的区别在于前者具备更强大的 RD - 191M 发动机和运载火箭本身的轻量化设计。2024 年 4 月，Orel 飞船的飞行型号将首先进行无人驾驶试验飞行，随后是载人试验飞行。

在俄方看来，未来使用重型飞船定期飞往轨道站在经济上是不可行的。因此，作为 ROSS 初步设计的一部分，不仅要设计空间站本身的外观，还要设计用于维护的运输系统。这方面的关键点之一是基于 Orel 飞船设计更轻、更紧凑的构型"Orlyonok"，使用基础构型大约 70% 的系统，但不需要热防护层、月球导航传感器、远程无线电通信设备、远距离自主飞行生命保障系统等。此外，还需要一种飞往月球的重型 Orel 飞船构型（见图 10）。

图 10　新一代载人飞船

（七）关于载人发射场

俄罗斯在拜科努尔只有三个正在运行的发射综合体，其中两个用于"质子"－M 重型运载火箭，根据哈萨克斯坦的环保要求，它应该在 2025 年完成其飞行使命。为"联盟"2 中型火箭而设计的 31 号发射台自 1961 年以来一直在运行，如今已经经历了 400 多次发射。在最好的情况下，如果从"质子"到"安加拉"－A5 的过渡平稳而受控，那么对载人"联盟"号发射而言，如果不重建加加林发射场（苏联首次航天发射地点），就有可能没有备用发射台。在如此重要的事情上，这种情形不可接受的。

另一个发射台是几年前由俄罗斯租借给哈萨克斯坦的 45 号发射台，用来发射俄罗斯－乌克兰"天顶"（Zenith）火箭。2021 年底，Baiterek 项目达成协议，为俄新型"联盟"5 火箭对该发射台进行现代化改造。如果一切按计划进行，45 号发射台将开工建设。如果没有任何干扰，两、三班倒连续工作，在"联盟"5 火箭开始飞行设计试验，也就是 2023 年 12 月之前，理论上是有可能完成建造工作的。

东方发射场也不适用于"联盟"号载人飞船的发射。从技术上讲，这个问题也可以得到解决：改造移动服务塔，为宇航员和航天器准备建立基础设施。然而，困难不仅在于需要时间和金钱，也在于发射路线上。当"联盟"号飞船从东方发射场发射到国际空间站轨道（倾角为 51.6°）时，如果发生事故，飞船的下降舱将落入太平洋，然而众所周知太平洋并不太平。因此，每次发射都必须有高额保险和大规模救援。当然，如果拜科努尔 31 号发射台有紧急情况发生，俄罗斯必须迅速重建东方发射场的发射台。但这仍然是一个临时解决方案。

于是，俄罗斯只有一条出路：建立起可行的"安加拉"－A5M＋Orel 运输系统。由于可以自行发射到低轨道，这艘新飞船在紧急溅落中比"联盟"号更可行。与此同时，有必要紧急开始恢复加加林航天中心的发射功能，相关方面希望俄罗斯和哈萨克斯坦政府能尽快做出这样的决定。

（八）关于完全可重复使用的火箭

俄罗斯正在考虑一种完全可重复使用的中型火箭，也就是说，不仅第一级会被多次使用，整个箭体都可以重复使用。

"联盟"7 号又称"阿穆尔"火箭，是俄罗斯发展的类"猎鹰"9 重复使用运载火箭。火箭起飞推力 4 300 kN，起飞质量 360 t，近地轨道运载能力 13.6 t，一子级回收状态运载能力 10 t 级。一子级采用 5 台 RD－0169 液氧、甲烷发动机，二子级采用一台 RD－0169 发动机，箭体直径 4.1 m。

1.3 欧洲

1.3.1 欧洲着力发展自主先进的航天能力

为加速发展自主先进的航天能力，打造具有国际竞争力和创造力的航天产业，2018 年以来欧盟委员会以《欧洲航天战略》为指引，系统谋划航天发展，以维持并进一步提升欧洲的航天领先地位。英国发布了《航天工业法案》和《促进航天产业繁荣》等政策文件，法国出台了《太空精神》等政策文件，引领航天未来发展。

（一）欧盟规划 2021—2027 年航天发展，以提升未来领先优势

欧盟委员会 2018 年 5 月发布《2021—2027 年多年期财政框架》提案，提议面向航天领域投资 160 亿欧元，比上一轮 7 年计划预算增加 50%，以维持并进一步提升 2020 年后的航天领先优势。其中，97 亿欧元用于"伽利略"卫星导航系统和欧洲静地导航覆盖服务，58 亿欧元用于"哥白尼"对地观测系统，5 亿欧元用于提高太空态势感知能力和自主性。此外，欧盟还提出 2020 年后欧洲航天发展的目标和方向。其中，发展目标为：维护和升级"伽利略"和"哥白尼"基础设施，拓展航天数据应用，培育创新型初创企业，保持并进一步提升航天领先地位，强化欧洲安全。发展方向为：培育具有全球竞争力和创造力的航天产业，确保低成本、自主、可靠地进入太空，整合并简化航天管理体系。

（二）英国着力补足航天发展短板，以应对脱欧影响

英国致力于弥补脱欧后航天短板，积极发展独立航天能力。一是通过立法规范和扶持航天飞行活动，助推形成本土发射能力。2018 年 3 月英国国会通过《航天工业法案》，旨在规范英国航天活动和亚轨道活动，最大限度地扶持和监管商业航天发展，赋予英国企业从本土发射小卫星的能力。二是以新兴领域为重点，规划未来 10 年航天发展。2018 年 5 月英国发布的《促进航天产业繁荣》政策文件，明确未来 10 年优先发展地球信息服务、全球设备互联服务、空间机器人和低成本进入太空四大领域，以加速发展自主先进的航天能力。三是从国家顶层助推海外市场拓展。英国政府 2018 年 7 月宣布将启动"航天出口行动"，从国家层面助推英国航天企业拓展海外市场，充分发挥英国在小卫星等新兴领域的优势，以有效应对脱欧对英国航天的影响。

（三）法国统筹规划军民航天

法国国家航天研究中心 2018 年 5 月发布《太空精神》政策文件，明确军民航天未来的发展重点及发展方向。主要内容为：一是总结航天发展概况。2016 年法国航天产业收入 44 亿欧元，提供了 16 000 个工作岗位；"阿里安"6 运载火箭、"伽利略"卫星导航系统、"哥白尼"对地观测系统处于世界领先地位等。二是明确未来发展重点，包括推进"阿里安"运载火箭、空间科学、对地观测、通信和防务等领域颠覆性技术发展；开展深空探测国际合作；推进大数据技术航天应用；研发微小卫星等。三是明确面临的挑战及需要采取的行动，包括通过创新服务经济社会发展、做强航天服务下游领域、建设气候变化监测卫星系统、开发国际太空探测有关设备、帮助欧盟确定太空探索优先事项等。

1.3.2 《全球背景下的欧洲航天战略》

2020 年 11 月 11 日，欧洲空间政策研究所（ESPI）发布《全球背景下的欧洲航天战略》研究报告，报告包括前言、欧洲航天战略：总览、演进中的全球航天背景、欧洲的挑战、解决挑战：外交的作用以及总结共 6 章。具体内容如下：

（1）欧洲航天不是由一个单一战略来指导的，而是在多个相互竞争、交叠的战略的相互作用下发展的。

（2）欧洲航天的目标是"欧洲仍是太空中的一个世界级行为者，在国际舞台上是一个可选的伙伴"。

（3）实现上述目标的三个战略支柱包括将航天最大化地融入欧洲社会和经济，促进发展具有全球竞争力的欧洲航天产业，以及确保欧洲在安全的环境下进入和使用太空的自主性。

（4）航天行业发展国际趋势包括行为者和活动扩展，航天经济不断增长并多元化，受到新航天驱动，公共机构的作用不断演化。

（5）在轨运行以及地缘政治环境挑战增加，具体表现为轨道拥堵增加，碰撞和干扰风险加大，地缘政治紧张态势延伸至太空环境，太空治理体系不尽如人意等。

（6）欧洲竞争力面临的国际性挑战包括竞争者数量增加，竞争方式不断变化，市场演变存在不确定性，各国封闭市场规模增大，市场准入不对称以及经济外交手段使用频繁。

（7）欧洲安全进入与使用太空的国际性挑战有：遵守国际标准和最佳实践的水平较低，空间态势感知和空间交通管理的国际合作不太有效，对欧洲空间基础设施安全的威胁增加，太空攻防国际态势趋紧，供给安全保障以及供应链不安全威胁增大，政治自主性降低。

（8）报告认为解决航天外交是应对上述挑战的重要途径，对提升欧洲在国际舞台的地位、维护欧洲的战略利益具有重要意义。

1.3.3　ESA 发布空间探索路线图

2022 年 7 月 4 日，欧洲航天局（European Space Agency，ESA）公开发布其新版空间探索路线图，在此之前，ESA 已将该文件提交其最高决策机构——ESA 理事会，以支撑理事会决策。

ESA 新版路线图名为《Terrae Novae 2030 + 战略路线图》，其中"Terrae Novae"为拉丁语，意即"新世界"。该路线图体现了欧洲重视自主能力、领导地位和身份认同的理念，长远目标是在近地轨道、月球和火星这三个探索目的地各自开展可持续的活动，并使三者之间的协同效应最大化。该路线图本质上是一系列候选任务，可以视为一种可以根据具体情况灵活调整的政策工具。

（一）背景

2014 年 ESA 理事会部长级会议通过了《关于欧洲空间探索战略的决议》。2016 年发起"欧洲探索包络计划"（E3P，2021 年命名为 Terrae Novae），将 ESA 所有的探索活动都集中在这一项计划中。2019 年的 ESA 理事会部长级会议为欧洲设立了在 21 世纪 20 年代跻身空间探索前列的目标。

ESA 提出，由于空间探索正处于十字路口，于是很多老牌航天技术强国和新兴航天国家都加大了对这方面的投入。地缘政治动荡使长期以来的合作伙伴关系受到质疑，政治紧张和变化难以预测，孤立主义和经济保护主义正在成为趋势。与此同时，私人投资者也以其自下而上的颠覆性技术和方法表现出前所未有的势头和影响力。ESA 认为，欧洲需要适应并发挥自身作用，巩固其核心联盟并建立新的联盟。在这种长期动态和不确定的背景下，为了抵御不利的国际政治变化和其他干扰，必须将弹性（resilience）深深嵌入欧洲的长期探索战略中。因此欧洲方面强调，在 2022 年年底的部长级会议上做出或未做出的决定，对 21 世纪 30 年代甚至 40 年代都有至关重要的影响。

为此，ESA 针对探索能力与世界主要航天国家进行了对标。ESA 认为，欧洲在基础能力方面存在巨大差距，尤其是在自动运输系统方面。此外，所有现有和计划中的欧洲资产都是依靠伙伴关系供应和运营的，这与其他航天大国的自主运输能力和平台形成了鲜明对比。如果欧洲没有跟上这一发展趋势，到 21 世纪 30 年代，不平衡的依赖性将会随着全球形势的发展而增加。

考虑到 50 多年来 ESA 在载人和无人空间探索任务方面的经验和教训，ESA 认为除了积累足以应付未来任务的专门知识和经验，还需要更具弹性和自主性，这样才能使欧洲与其他航天大国处于平等竞争的环境之中。如果不具备独立的发射和着陆能力，只专注于开发复杂的科学有效载荷和技术演示验证项目，这种做法会带来极高的战略风险。因此，减轻对国际合作伙伴的依赖，从而吸引新的合作伙伴进入欧洲探索计划，是"Terrae Novae 路线图"的一条清晰线索。

（二）文件的地位作用

《Terrae Novae 2030 + 战略路线图》旨在为欧洲在 2040 年前建立可行的、有弹性的探索途径框架。自主能力和领导地位是足以影响国际环境的那些主要政治和经济大国的特权，如果欧洲决策者选择成为其中一分子，并进一步将欧洲的软实力投射到太阳系，就需要这份文件来启发此类决策。ESA 载人和机器人探索主管大卫·帕克（David Parker）表示，这一新的长期探索路线图将用于指导决策者，他们将最终决定欧洲在深空探索之旅中可以走多远。这一愿景为欧洲在 21 世纪 30 年代提供了必要的先进能力和项目规模，以在全球空间探索舞台上发挥关键作用，与欧洲在世界上的政治和经济地位相称，确保其公民从空间探索中获得社会经济效益，并为可持续发展目标做出贡献。

根据《ESA 2025 年议程》，"Terrae Novae 路线图"还旨在激励更有朝气和活力的商业太空生态系统。目前，基于政府投资的服务型太空商业化计划正在向整个价值链的私人投资转变，推动真正的"新航天"（New Space）转型。在此背景下，"Terrae Novae 路线图"鼓励从以硬件为重点的采购转向通过购买端到端服务来实施活动。

此外，"Terrae Novae 路线图"中的战略考虑为欧洲所有利益攸关方（政府、航天机构、科学界和包括非航天部门在内的工业界）提供了综合方案，同时也向欧洲的国际合作伙伴传递了一个信息，即欧洲有前进的方向。

（三）文件的主要内容

（1）战略核心。

该战略路线图将探索置于 ESA 的完全视域中，从载人空间运输（包括未来的发射器）到近地轨道的利用，再到可持续的月球和火星探索。总的来说，能够向近地轨道、月球和火星发射和交付有效载荷是一个长远战略目标，能确保欧洲在空间探索领域占有一席之地，而战略弹性和欧洲自主是这一宏大叙事的重中之重。

（2）战略目标。

①确保近地轨道活动的连续性。确保在国际空间站上的持续存在，直到国际空间站退役，并为其退役后面向服务的商业基础设施做好准备，将之作为科学研究和深空探索预备活动的主要目的地。

②实现月球探索的雄心。2030年之前将首位欧洲航天员送上月球表面，为欧洲牵头任务提供自主登月能力，包括在国际合作背景下发展科学和基础设施资产，并为21世纪30年代的持续月球探索做准备，可能还会利用载人登月和表面机动能力方面的新合作机会。

③以远期无人火星探索为愿景，通过在生存性技术，掌握放射性同位素电源，有效载荷进入、下降和着陆等方面发挥领导作用，连同扩大对类地星球的科学知识，为2040年前让第一个欧洲人登上火星的远景目标铺平道路。

（3）路线图。

文件中的新兴任务路线图总结了"Terrae Novae 2030 +"战略路线图的实质内容，说明了2020—2030年和2030—2040年间欧洲在路线图中所述的三个目的地所发挥作用的演进，包括不可避免的近地轨道商业化趋势、货运能力和可能的载人能力、欧洲主导实施的月球活动，以及较远期的火星探索机会。欧洲工业界的专业知识和技术能力，加上从欧洲科学界获得的知识，构成了该路线图的支柱。通过开发探索能力和实施重要的探索任务，欧洲将更有能力、更有竞争力、更灵活。与此同时，这将加强其在重大国际项目中作为值得信赖的合作伙伴的信誉。

（4）发展路径。

战略路线图提供了强有力的自上而下的愿景和指导原则。每个目的地都有特定的国际、经济、技术和科学背景。

①近地轨道。在国际空间站剩余寿命期内优化其使用率，并为国际空间站之后的载人探索活动做好准备，包括促进其商业利用、支持科学研究以及探索月球和火星。

②月球。提高欧洲的战略自主权，使ESA成为可持续载人和机器人探索方

面可靠、可见的合作伙伴，为下一步的能力、技术和伙伴关系奠定基础。

③火星。执行机器人先导探测任务，继续寻找生命，填补战略知识空白，发展能力，为载人探索火星做准备。

1.3.4 "欧洲未来航天运输共同愿景"

2022年6月27日至28日，在"织女星"C（Vega－C）火箭（见图11）发射前夕，欧空局（ESA）在意大利西西里帕勒莫召开了主题为"欧洲未来航天运输共同愿景"的讨论会，100多位来自欧洲航天界的代表对欧洲航天运输市场的技术和政治挑战进行了讨论。

讨论会的主要内容包括：

（1）ESA正在牵头开展一项一年期的任务，识别欧洲未来航天运输基础设施的主要特征，以匹配来自美国、中国、俄罗斯和印度激烈的技术和商业竞争。

（2）与会者普遍认为ESA应该转变角色，从购买技术和产品向购买服务转变。

（3）与会者表达了对欧洲发射市场规模的担忧，认为欧洲市场太小，欧洲内部过多的竞争可能会造成基础设施和专业人才的浪费。

（4）与会者还认为，ESA应更多地通过"竞争采购"来刺激商业投资。

29.9 m

**图11 "织女星"
C运载火箭**

（5）大承包商们建议，通过识别共用技术的"构建要素"（Building Blocks），共享共用技术，可以平衡欧洲内部合作与竞争之间的矛盾，增强欧洲火箭企业的国际竞争力。初创企业则认为，上述建议容易造成大企业对技术的垄断。

（6）与会者认为有必要掌握在复杂太空条件下维持人类生命的技术（载人），并表示如果首位到达月球的欧洲宇航员是搭乘欧洲的火箭从欧洲的航天发射场出发的，其激励效果将更好。

（7）与会者还达成了一项共识，那就是欧洲可提供高质量的航天运输服务，很多国际客户会因为质量和可靠性而再次选择欧洲火箭。

2022 年 7 月 13 日，ESA "织女星" C（Vega – C）火箭从法属圭亚那首飞，成功地将主载荷——意大利航天局的激光相对论试验卫星 LARES – 2 送入轨道，另有来自意大利、斯洛文尼亚和法国的 6 颗立方星作为次载荷一起发射。Vega – C 是 2012 年首飞的 Vega 火箭的升级型号，将 700 km 极轨发射能力从 1.5 t 提高到 2.3 t。据介绍，2012 年 Vega 火箭首飞发射的是 LARES 系列的首颗星。此外，Vega 的另一个升级型号 Vega – E 已进入研发阶段，将使用一个新的低温上面级取代 Vega – C 的三级和四级，预计将于 2026 年首飞。

2022 年 7 月 12 日，ESA 局长约瑟夫·阿什巴赫尔在社交媒体上宣布，ESA 理事会正式决定终止欧盟与俄罗斯关于 ExoMars 联合任务的合作。自 2022 年 3 月以来，该合作一直处于搁置状态。ESA 在 7 月 20 日的媒体吹风会上公布与其他伙伴合作的具体细节。ExoMars 联合任务原定于 2022 年 9 月发射，但由于合作终止，欧洲的火星车 Rosalind Franklin 需要重新匹配运载火箭和着陆平台。尽管 ESA 正式终止欧俄合作的决定并不令人意外，但这还是引起了时任（Roscosmos）总经理罗戈津的强烈反应。ESA 宣布这一消息后不久，罗戈津在社交媒体网络 Telegram 上发帖，指责阿什巴赫尔 "破坏" ExoMars 联合任务，同时表示已命令空间站上的俄罗斯宇航员不再使用站上的欧洲机械臂。Roscosmos 向俄罗斯通讯社表示，该项目下的所有设备都将归还给有关各方，而俄罗斯仍有能力在国家层面与友好国家合作实施 ExoMars 任务。

1.3.5　OneWeb 计划

OneWeb 公司，目前的中文译名为 "一网"，是比较简约的直译，和 MicroSoft 被译为 "微软" 是一种方式。OneWeb 公司成立于 2012 年，其总部在英国伦敦。该公司在美国弗吉尼亚州的麦克莱恩市还有一个副中心，在美国佛罗里达州和加利福尼亚州这两个航空航天产业聚集地各自拥有一个研发与制造综合体。公司理念为构建低轨巨型星座，用卫星互联网连接地球上的任何地方。公司的定位是争作先驱者、创新者和思想领袖，旨在建立一家独特的全球通信公司。

OneWeb 在商业通信领域是一个相对较新的参与者，在其第一阶段计划发射 648 颗低轨互联网卫星，目前已经发射 428 颗。OneWeb 运营着目前活跃在近地轨道的两个大型卫星 "巨型星座" 中的一个，另一个运营的是 SpaceX 公司的

"星链"互联网卫星，SpaceX 目前有大约 2 700 个卫星在轨道上运行。

OneWeb 在 2020 年经受住了破产的考验，并在印度电信公司 Bharti Global 和英国政府的控股下强势崛起。

欧洲通信卫星组织（Eutelsat）在 1977 年作为欧洲跨政府机构成立，2001 年成为一家商业公司，目前已经持有 OneWeb 23% 的股份。欧洲通信卫星组织拥有一支由 36 颗卫星组成的星座，全部部署在地球静止轨道。地球同步轨道（CEO）卫星通常比近地轨道（LEO）宽带卫星更大、功率更强，在固定的地理区域为更多的客户提供服务。但是同步轨道卫星在两极的覆盖范围有限，而且它们的连接比近地轨道星座具有更多的延迟或滞后。

OneWeb 的业务重点是为世界各地的客户提供高速、低延迟的互联网服务，连接家庭、企业、学校、飞机和船舶。欧洲通信卫星组织的卫星主要集中于传统的视频和数据服务，在互联网市场上与 OneWeb 业务有一些重叠。

OneWeb 和欧洲通信卫星组织的官员表示，合并是平等的，一旦交易完成，每家企业的股东将持有合并后公司 50% 的股份，预计合并将于 2023 年上半年结束。两家公司的董事会一致通过了 2022 年 7 月 26 日宣布的谅解备忘录，但这笔交易仍需获得监管部门的批准，并赢得股东的支持。

欧洲通信卫星组织和 OneWeb 将继续以现有名称运营，欧洲通信卫星组织的总部仍然设在巴黎，OneWeb 则设在伦敦。该协议为 OneWeb 设定了 34 亿美元的估值。

两家公司表示，它们的业务"高度互补"，合并近地轨道和地球同步轨道服务，为开发一个共同平台提供了机会，且混合用户终端和互联网络能为客户创造一个"一站式商店"。欧洲通信卫星组织董事长多米尼克·德希宁（Dominique D'Hinnin）表示："这确实是我们行业的首例。我们将成为全球唯一一家整合了 GEO/LEO 的公司。"

从 2019 年 2 月到 2022 年 2 月，OneWeb 用 13 枚俄罗斯制造的"联盟"火箭发射了第一批 428 颗卫星。"联盟"任务是通过法国发射服务提供商阿里安空间公司（Arianespace）预订的，该公司拥有"联盟"商业发射的市场和管理权。

OneWeb 与 SpaceX 已经达成协议，共同发射三枚"猎鹰"9 火箭，以继续部署该公司的第一代卫星。OneWeb 与 SpaceX 的合同令许多卫星行业观察家感到惊讶,因为其是"星链"在宽带市场的间接竞争者。SpaceX 直接向消费者销售"星链"服务,而 OneWeb 则向企业和互联网服务提供商销售,为整个企业或社区提供互联网连接。

"猎鹰"9 的三次飞行将相当于 4 枚"联盟"运载火箭(见图 12)的发射能力。"联盟"火箭每次飞行可发射 36 颗 OneWeb 卫星,这意味着 SpaceX 的"猎鹰"9 火箭每次任务中可以发射约 48 颗 OneWeb 卫星,尽管具体数字尚未得到证实。

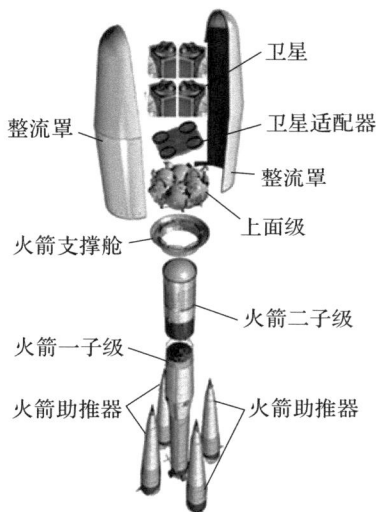

图 12 "联盟"ST 运载火箭

OneWeb 与印度航天局的商业分支新空间印度有限公司(New Space India Limited)就印度火箭发射达成了类似的协议。OneWeb 已经采购了印度 GSLV Mk. 3 火箭的两次发射。

尽管 OneWeb 在完成第一代星座部署之前还有大约 220 颗卫星需要发射,但该公司已经在计划一个更大的星座,名为 Gen 2。OneWeb 2022 年 6 月宣布与 Relativity Space 公司达成协议,从 2025 年开始用 Relativity Space 公司的下一代可重复使用的 Terran R 火箭发射多颗 Gen 2 卫星。

欧洲通信卫星组织的资源将帮助 OneWeb 为其第二代 Gen 2 星座提供资金。OneWeb 目前的其他股东包括英国政府、印度电信公司 Bharti Global 和日本软银(Softbank)等。OneWeb 执行董事长苏尼尔·巴蒂·米塔尔(Sunil Bharti Mittal)表示,OneWeb 的第二代宽带卫星 Gen 2 将优先选址英国。第一代 OneWeb 卫星是在佛罗里达州肯尼迪航天中心附近的一家与空客（Airbus）合作的合资企业制造的。

■ 1.4　日本

1.4.1　突出太空作战能力发展

随着中国、俄罗斯以及朝鲜在太空和网络空间能力的迅速发展，日本认为其所面临的安全威胁加剧。在此背景下，2018年日本发布第6版《防卫计划大纲》，将太空视为新的作战域，突出强调发展太空作战能力。此外，日本还发布了《宇宙活动法》《JAXA中长期发展规划》（Japan Aerospace Exploration Agency，日本宇宙航空研究开发机构），修订了《宇宙基本计划路线图》，以进一步提速军事航天发展，谋求航天大国地位。

（一）突出强调发展太空作战能力

为实现跨域作战，日本新版《防卫计划大纲》提出构建"多域统合防卫力"，推进太空、网络、电磁等新兴作战域与陆、海、空等传统作战域的深度融合，全面提升指挥控制能力和情报能力。在太空领域，强调重点发展太空作战能力，优先对太空领域投资；设立太空作战部队，在自卫队联合参谋部设立相关太空部门；强化情报、监视、侦察能力，将"情报收集卫星"的数量增加至10颗，充分利用商业卫星数据开展情报收集等工作；发展"准天顶"导航卫星、静止轨道光学监视卫星和微小卫星；积极采用民用航天技术，重点投资人工智能等改变游戏规则的先进技术，灵活利用具有军事潜力的先进民用技术。

（二）进一步强化军事航天发展

2018年以来，日本进一步明确军事航天装备发展重点，积极调整发展思路，加大军事航天投入，深化军事航天领域合作，全方位推进军事航天发展：首先是明确军事航天装备发展重点。2018年3月发布的《JAXA中长期发展规划》明确重点发展"准天顶"导航星座、"情报收集卫星"星座、H-3新一代运载火箭等军用或军民两用系统，加强太空安全保障能力建设；其次是调整军事航天装备发展路线。2018年12月发布的《宇宙基本计划路线图修订案》强调扩大"情报

收集卫星"星座，计划 2023 年建成"准天顶"导航星座 7 星体制，2022 年发射
X 波段军事通信卫星系统等；三是加大军事航天投入，提出 2019 年的航天预算
同比增长 22.3%，重点投向 H-3 运载火箭、激光数据中继卫星和"情报收集卫
星"星座等；四是持续深化日美军事航天合作。2018 年，日本首次参加美国
"施里弗"太空战演习，以提升太空对抗经验和能力。

（三）立法放宽民间企业发射

日本 2018 年 11 月出台《宇宙活动法》，规定通过国家审查并达到一定标准
的民间企业可以发射卫星，打破了以往只有 JAXA 及其委托的三菱重工公司才能
发射卫星的限制。民间企业发射卫星的准入规则包括：一是获取卫星发射相关许
可，包括发射卫星用运载火箭要通过构型和性能安全认证，发射场的发射设施符
合内阁办公室的设施安全标准并通过安全审查；二是获取卫星管理相关许可，以
避免卫星碰撞事故，防止太空污染；三是火箭发射企业必须加入损失赔偿保险，
以防备发生事故而造成损害。

1.4.2　《第四期中长期发展规划》

2018 年 3 月 30 日，JAXA 发布《第四期中长期发展规划》（2018—2025 年），
于 2018 年 4 月 1 日开始正式实施。规划涉及提高运行效率、完善财务分配等内容，
重点阐述了航空航天发展目标及为实现目标采取的计划。航天领域的具体计划涵盖
卫星导航、遥感、通信、航天运输、太空态势感知、海洋态势感知和早期预警等
领域的重点航天项目，航天领域跨机构研究方法方向，重点航空科学技术，以
及航空航天领域国际合作，信息系统利用和确保信息安全等具体措施。

（一）导航定位卫星

开发新型"准天顶"卫星并进行技术验证，实现获取高品质、高精度、高
稳定性的导航定位信号。针对实时高精度轨道修正，精密轨道控制，对导航定位
卫星的监视、分析和评价，卫星信号抗干扰、抗欺骗，卫星小型化和低成本化等
课题开展研发活动，并与其他政府部门和科研机构开展合作。

（二）遥感卫星

与政府和民营机构就卫星数据的开发与利用开展合作，特别是在防灾减灾
和国土管理等领域，促进研究成果转化。研发可提高遥感精度的观测传感器技

术、观测数据校正技术，为气候变化等全球问题做出贡献。研制并部署"温室气体观测卫星－2"（GOSAT－2）、"地球云和气溶胶辐射探测/测云雷达"（EarthCare/CPR）、"先进陆地观测卫星－3"（ALOS－3）、"先进陆地观测卫星－4"（ALOS－4）和"先进扫描微波辐射计－2"（AMSR－2）等后继任务。

（三）通信卫星

研制并部署工程测试卫星8（ETS－Ⅷ）、数据中继试验卫星（DRTS）、宽带互联网工程试验与验证卫星（WINDS）等，提高卫星通信技术可靠性。与相关机构共同研发和验证电推进技术、高排热技术和 GPS 接收机静止接收 GPS 信号技术。研发大容量、隐蔽性强的卫星光通信技术，并利用 DRTS 和 ALOS－3 进行在轨验证。构建高速空间通信网络，满足地球观测大容量、高分解能力要求和防灾减灾实际需求。

（四）空间运输系统

以保障国土安全、具备独立空间运输能力为目标，发展火箭发射技术并保持国际竞争力。在液体燃料火箭方面，研发低成本新型 H－3 运载火箭，与民营机构合作研发火箭第一级重复使用等技术。当前日本空间运载能力处于由 H－2A、H－2B 型运载火箭（见图 13）向 H－3 型火箭过渡的阶段，应提高火箭发射成功率。在固体燃料火箭方面，持续推进 Epsilon 运载火箭的研发工作。

（五）空间态势感知

开发空间态势感知（SSA）技术和系统，整合 JAXA 的 SSA 相关设施，研发空间碎片感知和危险规避技术。

（六）海洋态势感知和早期预警功能

发展对地观测卫星服务，研发卫星获取的船舶数据处理和分析技术，提高船舶故障检测率，利用 ALOS－4 开展船舶航行状态监测技术验证。深化与日本防卫省、海上保卫厅等政府安全保障机构的合作，根据安全保障需求开展相关技术研发。

（七）空间系统功能维护

帮助评估空间系统脆弱性，为政府决策提供技术咨询，包括未来火箭发射场的更新维护、快速响应卫星等。

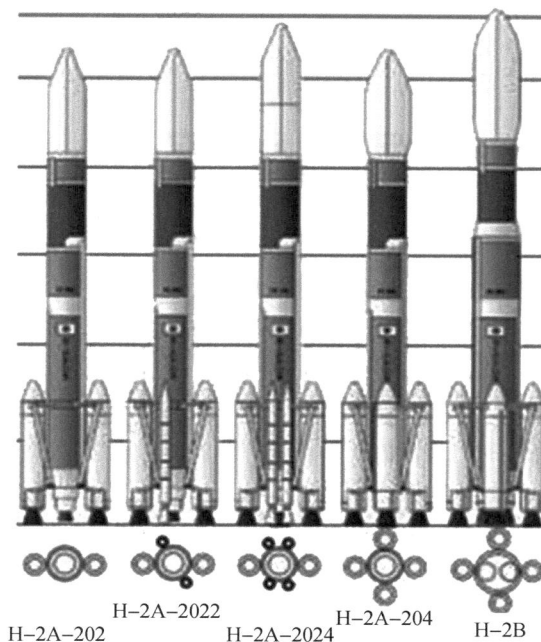

H-2A-202　H-2A-2022　H-2A-2024　H-2A-204　H-2B

图13　日本H–2型运载火箭

（八）空间科学与探索

与国内外大学、科研机构开展多种形式的合作，推进空间领域的科学研究。探索宇宙起源、银河系及行星结构，探索太阳系生命起源，发展空间探测仪器和空间运输相关的空间工程技术。

（九）国际空间站

提高近地轨道利用率，利用空间平台开展新药研制、延寿研究、小卫星释放等活动。在ISS框架下强化日美两国科技合作，开展共同研究、设施共享。发展载人驻留技术、自动化操作技术、长期载人探索任务所需的空间医学和健康管理技术。

（十）载人空间探索

积极参与美国提出的月球基地建设项目等国际空间探索计划，发挥日本技术优势。开发空间补给、载人空间驻留、载人月面着陆和高精度导航等技术。

（十一）卫星应用技术

开发卫星运行轨迹监测技术，维护和升级卫星天线等设备。开发环境试验技术，包括震动、热真空环境下的缓冲技术等。

1.4.3 最新情况

（一）空间进入

（1）研制新一代运载火箭，确保独立进入空间，争取商业发射。

2014 年 3 月日本启动新一代运载火箭 H - 3 研制，计划投入 7 000 万美元（尚需议会批准），完成系统定义评审；新型火箭将在 2020 年首飞，逐步替代 H - 2A/B。研制 H - 3 运载火箭需耗时 8 年，研制经费为 19 亿美元。

H - 3 火箭为两级构型设计，捆绑 0、2、4、6 枚固体助推器，将 3 ~ 6.5 t 的有效载荷送入地球同步转移轨道（GTO）。火箭一子级安装两台新研的 LE - X 发动机，单台推力 1 334 kN。LE - X 发动机采用开式膨胀循环。

（2）发挥私人公司作用，增强火箭在国际发射服务市场竞争力。

日本内阁建议在新一代运载火箭中让私营企业发挥重要作用。JAXA 已于 2014 年 2 月启动了 H - 3 火箭的招标工作，寻求该型火箭的合作伙伴，并将在 3 月底选定合作商。

（3）研发快速响应固体小运载火箭，支持快速响应进入空间和远程弹道导弹发展。

2013 年 9 月 Epsilon（艾普斯龙）火箭（见图 14）首次发射成功。Epsilon 火箭长 24 m，直径 2.6 m，重 91 t，有两种技术状态：一是标准型三级固体火箭（运载能力 1 200 kg，200 ~ 500 km）；二是拓展型，即在标准型的基础上再配备一个小型液体推进上面级。Epsilon 采用人工智能技术，火箭具备自主检测能力，在火箭第一级安装于发射台 1 周内即可发射，仅需 8 名员工在控制中心监控。

（二）空间运输

以 H - 2 转移飞行器为牵引，发展空间运输能力。H - 2 转移飞行器是日本宇宙航空研究开发机构研制的一次性使用货运飞船，主要用于向国际空间站运输货物并携带空间站垃圾返回再入大气层烧毁。HTV 计划分为三步走：第一步将货物运至 ISS（已实现）；第二步将货物带回地球（改进型 HTV - R）；第三步实现 ISS 人员往返运输。

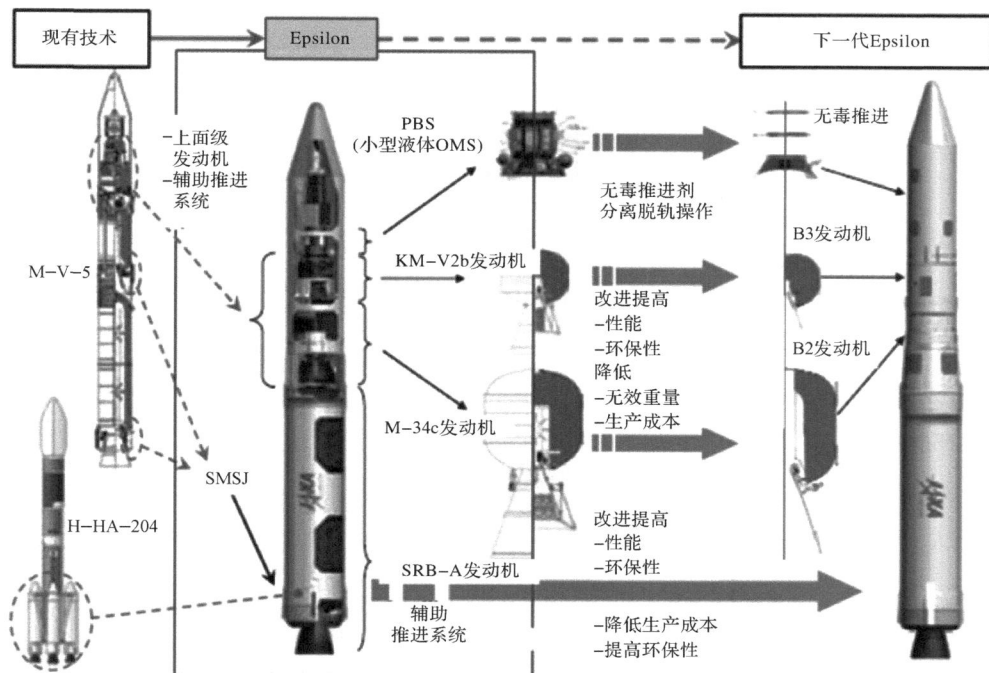

图 14　Epsilon 火箭

■ 1.5　印度

1.5.1　政策调整

　　印度制定了广泛的航天政策框架，但这些政策提出时间已较长，业界不断呼吁尽快修订原有航天政策，但官方暂未推出实质性的调整。以卫星通信政策为例，政策方面的限制和卫星容量的短缺仍是印度卫星通信市场面临的巨大挑战。印度政府正在酝酿新的卫星通信政策，新版政策可能会带来积极的变化，有可能会进一步放宽外资所有权的规定，以推动印度卫星通信市场的未来发展。

　　随着全球政治环境的变化和印度国内需求的发展，空间安全领域广受关注，印度各界强调空间态势感知的重要性，并呼吁出台军事航天政策。2016 年 4 月，印度国防研究与分析研究所发布《印度空间安全策略提案》，建议印度政府制定有效的政策，保证其在空间的利益和安全。提案建议：设立空间安全政策研究机构，成立专门的航天司令部，增强空间态势感知能力，与国防研究发展机构和私营部门合作，发展小卫星、抗干扰通信等战略技术，发展反卫星（ASAT）武器等。

1.5.2 商业航天

印度智库观察家研究基金会（ORF）对"航天 2.0"战略进行了深度研究。纵观历史，依靠国家进行初始能力建设，印度航天已经从"航天 1.0"阶段发展到"航天 1.5"阶段；政府进一步与工业界开展合作，产生了政府对客户（G2C）、政府对企业（G2B）、政府对政府（G2G）等"航天 1.5"服务模式，公私合作等新模式也正在航天领域得以发展。目前，印度航天正在迈向"航天 2.0"阶段，私有资本和破坏性技术的引入将打破航天技术与商业服务之间的壁垒，进入空间和提供航天服务的价格将大大降低，航天生态将快速增长。"航天 2.0"概念也与全球航天的最新发展态势密切吻合。

在航天商业化方面，印度重点支持新航天、航天应用、初创企业等发展；在航天政策方面，航天私有化（如成立运营 PSLV 火箭的合资公司）立法成为焦点。2016 年 2 月，印度空间研究组织主席基兰·库马尔（Kiran Kumar）宣布，到 2020 年将私有化运行 PSLV 火箭，每年发射次数增加到 18 次。

1.5.3 国际合作

国际合作一直是印度航天发展的特色，凭借良好的政治环境，印度已经与 39 个国家的航天局和 4 个多国机构签订了航天合作文件。印度与法国、美国、俄罗斯、以色列、日本、澳大利亚等航天国家开展了合作，涉及共同研发、载荷搭载、数据共享、合作运管等多个维度。这些合作并非仅停留在意向层面，而是程度已较为深入，受到合作方的重视。

1.5.4 能力发展

近年来，印度日益强调发展自主能力。2014 年，莫迪政府提出了"印度制造"计划，发展本国基础制造能力，促进整个工业发展。印度重视减少航天技术

对外国的依赖，研制了本国的运载火箭、应用卫星和其他航天器（见图15），并
重视提升关键系统的国产化程度。此举在保证国家安全、提升本国对外决策时的
战略自主性上至关重要，也成为国家经济和安全利益无形的外交资产。同时，发
展自主能力，并从研究机构向本国航天工业溢出形成技术转移，能够支持航天产
业的发展，提升航天生态链效率和创造活力。

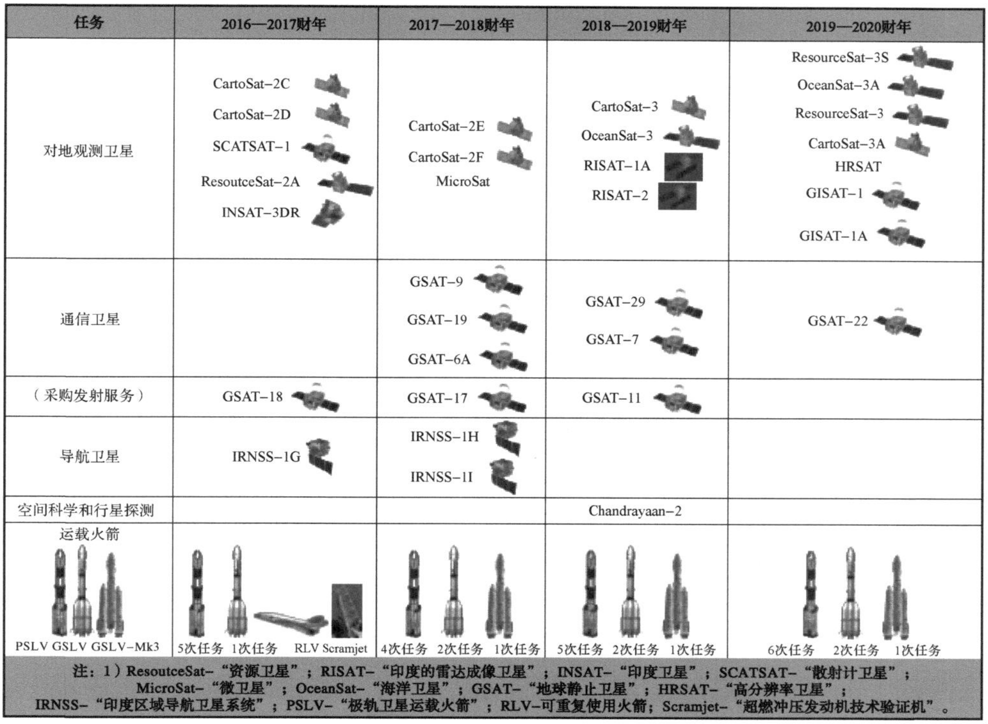

任务	2016—2017财年	2017—2018财年	2018—2019财年	2019—2020财年
对地观测卫星	CartoSat-2C CartoSat-2D SCATSAT-1 ResoutceSat-2A INSAT-3DR	CartoSat-2E CartoSat-2F MicroSat	CartoSat-3 OceanSat-3 RISAT-1A RISAT-2	ResourceSat-3S OceanSat-3A ResourceSat-3 CartoSat-3A HRSAT GISAT-1 GISAT-1A
通信卫星		GSAT-9 GSAT-19 GSAT-6A	GSAT-29 GSAT-7	GSAT-22
（采购发射服务）	GSAT-18	GSAT-17	GSAT-11	
导航卫星	IRNSS-1G	IRNSS-1H IRNSS-1I		
空间科学和行星探测			Chandrayaan-2	
运载火箭	PSLV GSLV GSLV-Mk3	5次任务 1次任务 RLV Scramjet	4次任务 2次任务 1次任务	5次任务 2次任务 1次任务	6次任务 2次任务 1次任务

注：1）ResoutceSat-"资源卫星"；RISAT-"印度的雷达成像卫星"；INSAT-"印度卫星"；SCATSAT-"散射计卫星"；MicroSat-"微卫星"；OceanSat-"海洋卫星"；GSAT-"地球静止卫星"；HRSAT-"高分辨率卫星"；IRNSS-"印度区域导航卫星系统"；PSLV-"极轨卫星运载火箭"；RLV-"可重复使用火箭"；Scramjet-"超燃冲压发动机技术验证机"。

图15 印度航天任务

■ 1.6 阿联酋

1.6.1 航天政策

十几年来，阿联酋雄心勃勃的太空计划一直在稳步推进，航天领域的"四梁
八柱"已经建成，不断推进航天事业发展。出色的顶层设计在阿联酋航天事业发
展中显然发挥了关键的引领作用。2006年，阿联酋建立穆罕默德·本·拉希德

航天中心（MBRSC）和阿联酋先进科学和技术研究所（EIAST）（2015 年 4 月两者合并）。2014 年 7 月成立国家航天局（UAE Space Agency），2015 年 5 月正式投入运作，统领全国航天事业及太空开发计划。在加紧搭建组织机构的同时，航天计划在稳步推进。2015 年 5 月，阿联酋发布了第一个航天战略计划，提出以航天事业助力本国经济多元化可持续发展、促进科学研究及创新、打造航天科技高端人才队伍、加强国际航天合作的四个目标。2016 年 12 月，阿联酋发布阿拉伯世界第一份国家航天政策，提出要将阿联酋变成国际航天业的领导。2019 年 3 月，阿联酋出台"2030 国家太空战略"，包括执行太空科学研究、工程制造、试验和商业应用等 79 个项目计划。2019 年 7 月，新太空法获阿内阁及联邦国民议会批准。

1.6.2　航天研发

阿联酋的航天研发以卫星研发与发射作为支柱。2009 年和 2013 年，阿联酋两度与韩国合作，成功研制并发射了"迪拜一号"（DubaiSat-1）和"迪拜二号"（DubaiSat-2）遥感卫星。2013 年，阿联酋花费 9.1 亿美元从法国订购了两颗"鹰眼"高分辨率侦察卫星，并在法方协助下建立地面控制站，培训了 20 名阿联酋工程师。前期的不断投入不仅为阿联酋经济社会发展创造了效益，更锻炼了人才队伍，加速了自主研发卫星的能力建设。2018 年，由拉希德航天中心完全自主研发并制造的"哈利法"地球观测卫星（KhalifaSat）成功进入太空。短短十年间，阿联酋已有 13 颗卫星成功发射入轨，另有几颗卫星正在建造中，未来将有更多阿联酋卫星遨游太空。

1.6.3　空间探索

阿联酋在前沿领域的探索全面发力。火星探测任务（EMM）及"希望"号火星探测项目是阿联酋近年航天发展战略计划的重中之重。2017 年，阿联酋宣布启动"2117 火星计划"，旨在用 100 年时间，到 2117 年在火星上建立首个人类居住地。在无人太空探索突飞猛进的同时，载人航天事业也获得突破。2017 年阿联酋正式启动宇航员项目，2019 年 9 月由俄罗斯"联盟"MS-15 号载人飞船将阿联酋首位宇航员曼苏里送入国际空间站。曼苏里因此也成为历史上第一位到达国际空间站的阿拉伯人，振奋了阿联酋乃至整个阿拉伯世界的人心。

1.6.4　能力发展

阿联酋航空工业起步时间晚、技术基础薄弱、市场承载力有限，试图在短时间内建立航天全产业链模式，既不现实也无必要，因此借助国际合作实现"弯道超车"是最好的办法。在火星探测工程中，阿联酋避开了自主研发火箭、建造发射场等"硬核"产业，选择以国际合作的方式达成目标。在"希望"号的三个核心载荷中，美国科罗拉多大学大气和空间物理实验室（LASP）负责阿联酋探测成像仪（EXI）和阿联酋火星紫外光谱仪（EMUS）的主要研发工作，美国亚利桑那大学负责火星红外光谱仪（EMIRS）的研制，总装工作则由 LASP 完成。后续的航天器远程监控等任务，阿联酋也"外包"给了 NASA。这种国际合作的方式既节省了成本，又有助于培养本国航天创新人才，使阿联酋得以在短期内成为国际航天领域的一支引人注目的新军。

■ 1.7　小结

1.7.1　热点领域

（一）太空环境安全

太空环境安全风险激增，太空感知能力建设和行为规则制定将成为关注重点。当前，在轨航天器近距交汇和碎片碰撞危机事件频发，对在轨太空资产和航天员安全带来极大挑战。世界主要航天国家和地区为维护太空环境可持续发展，将发展太空监视监测系统，进一步提升太空感知能力建设。美国计划在英国部署深空雷达站，加强对高轨航天器的监测能力。欧洲将启动多个太空监视与预警项目，以提升太空感知能力。澳大利亚计划于 2022 年组建太空部门，发展太空态势感知能力。此外，积极推进太空行为规则制定将成为保证太空有序发展的重要手段。美国计划在 2022 年发布统筹军民商轨道碎片处理项目新战略，以推进轨道碎片风险管理。法国欧卫通、阿里安航天、美国行星以及中国长光卫星技术有限公司等十家航天公司发起"净零太空"倡议，并将在 2022 年商讨具体措施，目标是在 2030 年前减少在轨碎片数量。联合国将成立工作小组，拟于 2022 年召开会议，推进太空规则制定。

（二）低轨星座部署

低轨星座部署持续开展并将开启初期服务，在完善现有通信体系的同时将对网络监管带来新挑战。俄罗斯计划于 2022 年 10 月发射"球体"星座的首颗卫星，并将利用该卫星开展互联网系统的演示验证工作。韩国计划在 2030 年前建成由 2 000 颗卫星组成的低轨通信星座，用于城市货运无人机和民用飞机通信。美国 SpaceX 公司"星链"计划已完成首个轨道层的部署任务，拟于 2022 年开始提供初期全球天基网络服务；SpaceX 公司计划在 2022 年部署更多装备星间激光链路的第二代"星链"卫星，以减少对地面站的依赖。英国 OneWeb 公司的 OneWeb 星座将在 2022 年完成初期部署任务，实现全球网络覆盖。低轨通信星座在为全球提供通信服务的同时也将打破地面网络界限，对各国信息数据网络的监管能力提出新挑战。

（三）地月空间竞争

地月空间或成为新的战略竞争高地。与当前人类活动频繁的近地空间不同，地月空间具有距离远、范围大、引力条件复杂等特点，对深空通信、感知、传感及动力等系统均提出了更高的要求。美、俄、欧等计划在 2022 年开展多项技术研制和演示验证工作，以满足未来自由进出地月空间和部署航天器的需求。美国通用、蓝色起源和洛克希德·马丁公司计划在 2022 年推进"敏捷地月运行演示验证火箭"项目研制，为提升美航天器在地月空间内的机动能力奠定基础；美国蓝色峡谷技术公司计划在 2022 年为美国太空军建造一颗具备探索地月空间能力的小卫星；美国 Rhea Space Activity 计划于 2022 年开发立方体卫星星座，以实现对地月空间的全面监视。俄罗斯拟在 2022 年继续开展 Nuclon 号核动力太空拖船的设计工作，以提升地月运输能力。欧洲航天局将利用法国萨里公司卫星验证月球通信网络技术，并将测试在月球周围使用 GPS 和"伽利略"导航系统的能力。

1.7.2 发展趋势

（一）巩固强化战略地位，为航天发展定出总体基调

近年来，美、俄、欧、日、印等航天国家和地区把航天作为国家战略重要组

成部分，予以优先安排，在出台的国家安全顶层战略和综合性规划中均把航天摆在更加重要的战略地位。特朗普政府将"美国优先"的思想提升到高于一切的位置上，强调应保持美国航天的领导地位和行动自由。在 2018 年 3 月发布的《国家太空战略》中，系统阐述了航天发展总体思路和方向，为制定国家航天政策确定基调。

（二）统筹优化管理体系，为航天发展提供不竭动力

美、俄等主要航天国家实行总统最高决策、统一领导的管理体制，在总统的直接领导下，设立航天委员会等专门机构，负责制定国家航天政策或发展战略。实施统筹协调的航天分工管理模式，对分工界面和职责权限做出明确划分，军民管理主体在履行自身职责的同时，注重相互间的协调与平衡。

（三）超前制定发展规划，为航天发展描绘未来蓝图

航天具有高投入、长周期的特点，需要超前谋划航天发展。为此，多个航天国家制定未来 20 年乃至 30 年的总体规划。俄罗斯通过《俄罗斯 2013—2020 年航天活动国家规划》《2016—2025 年俄罗斯联邦航天规划》《2030 年前及未来俄联邦航天活动领域国家政策原则的基本规定》等，系统规划航天产业发展，以满足国家在经济社会、科学技术和国际合作等领域的需求。

（四）持续完善法律制度，为航天发展提供政策保障

目前已有 29 个国家颁布了航天法，建立了较为完善的法律法规体系，为航天活动提供了法治保障。

第二章
航天运载技术基本概念

■ 2.1 航天运载技术名词定义

2.1.1 轨道名词

LEO（Low Earth Orbit）：一般指近地点 200～400 km 的近地球轨道。

SSO（Sun-synchronous Orbit）：特指高度为 700 km 的太阳同步轨道。

GTO（Geostationary Transfer Orbit）：近地点 200 km、远地点 35 786 km 的地球同步转移轨道。

LTO（Lunar Transfer Orbit）：近地点 200 km、远地点约 380 000 km 的地月转移轨道。

GSO（Geosynchronous Orbit）：地球同步轨道。

MTO（Mars Transfer Orbit）：加速离开地球到近火制动的轨道（C3 约 15 km^2/m^2）。

2.1.2 运载火箭定义

运载火箭是指自身携带全部推进剂，依靠火箭发动机喷射工质产生推力，摆脱地球引力，将人造卫星、飞船及其他载荷送入地球轨道或其他轨道的运载工具。

2.1.3 运载火箭分类

（一）按照运载能力

按照运载能力，运载火箭分为小型、中型、大型和重型。

小型运载火箭：0 t < LEO 运载能力≤2 t，起飞质量约 100 t 以下。

中型运载火箭：2 t < LEO 运载能力≤20 t，0 t < GTO 运载能力≤10 t，起飞质量 100～700 t。

大型运载火箭：20 t < LEO 运载能力≤50 t，10 t < GTO 运载能力≤20 t，起飞质量 700～1 500 t。

重型运载火箭：50 t < LEO 运载能力≤150 t，20 t < LTO 运载能力≤60 t，起飞质量约 1 500 t 以上。

（二）按照使用次数

按照使用次数，运载火箭分为一次性运载火箭和重复使用运载火箭。

（三）按照发射频度

按照发射频度，运载火箭分为通用火箭和专用火箭。

（四）按照轨道类型

按照轨道类型，运载火箭分为低轨运载火箭和高轨运载火箭（见图16）。

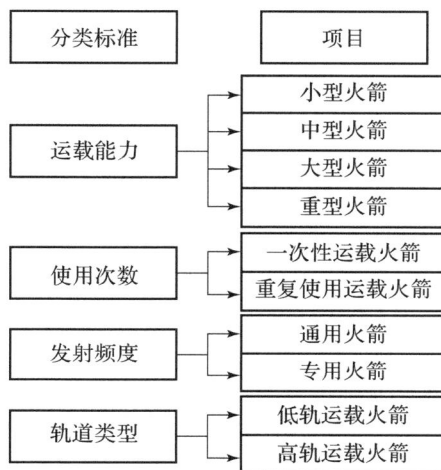

图16 运载火箭分类

2.1.4 运载火箭广义体系

　　航天运输领域由一次性、重复使用、应急机动和轨道转移运输系统组成。一次性发射运输系统是当前进入空间的主力工具；重复使用发射运输系统聚焦火箭动力和组合动力；应急机动发射运输系统侧重响应平台多样化。

　　航天运输系统（见图17）是往返于地球表面和空间轨道之间或轨道与轨道之间，以及完成地外天体着陆、起飞和返回任务中运输各种有效载荷的运载飞行器的总称。按飞行器种类分为一次性运载火箭、轨道转移飞行器、重复使用运载器和新概念运载器4个领域。与航天运输系统相关的各项技术统称为航天运载技术，按照专业分为"总体技术、动力技术、控制技术、结构与机构技术、测控技术和发射支持技术"6个专业，各专业技术水平直接制约着航天运输系统的整体性能和水平。

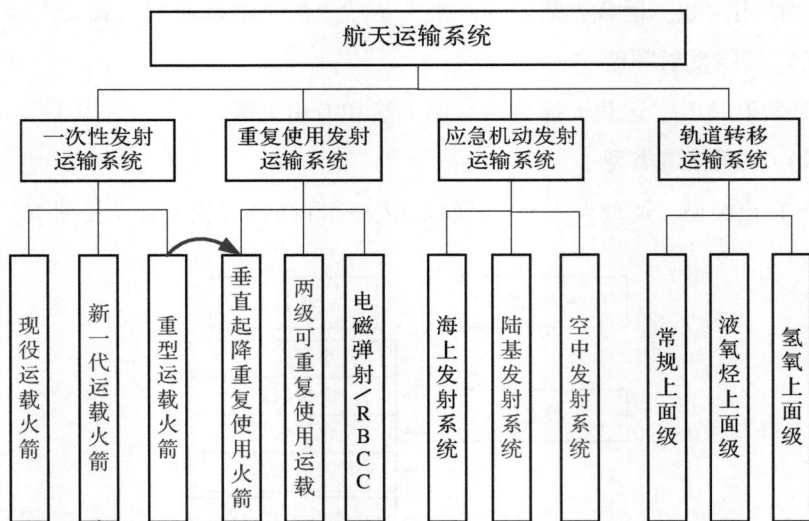

图17　航天运输系统分类

■ 2.2　航天运载技术领域组成

　　航天运载技术体系（见图18）由下面几部分组成：

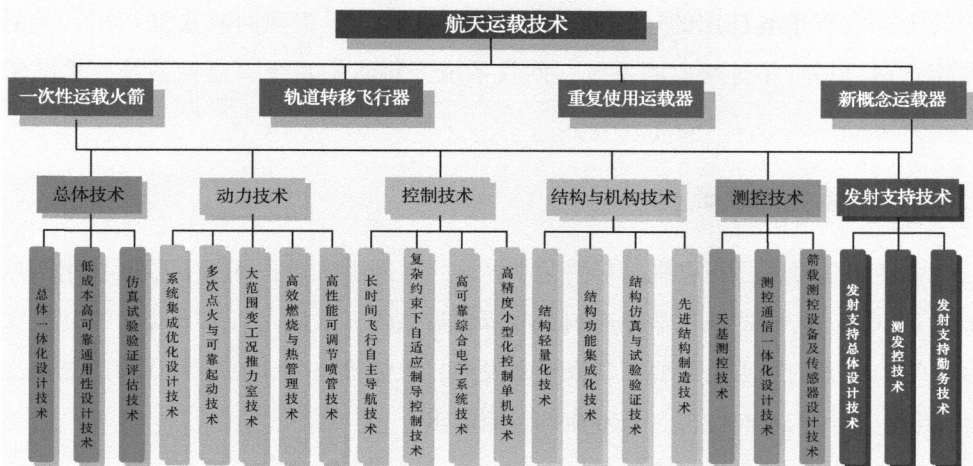

图 18 运载技术体系框架图

2.2.1 一次性运载火箭

一次性运载火箭是以火箭发动机喷射工质产生反作用力而向前推进的飞行器，能够实现将有效载荷从地球表面运送至空间轨道的目标。运载火箭一般由结构系统、动力系统、控制系统、测量系统、发射支持系统等组成。载人运载火箭还包括故障检测处理系统和逃逸系统。部分一次性运载火箭为了实现落区可控或箭体回收等功能，还包括箭体回收系统。一次性运载火箭按运载能力分为大、中、小型，按发射方式分为地面发射、空中发射和海上发射；按动力类型分为固体、液体和固液混合型。

2.2.2 轨道转移飞行器

轨道转移飞行器是指可自主飞行，长期在轨工作，执行有效载荷的轨道转移、轨道部署、深空探测、在轨服务以及空间攻防等延伸任务的空间飞行器，具有独立的动力系统和控制系统，不参与基础级运载火箭的飞行控制。

2.2.3 重复使用运载器

重复使用运载器是指部分或全部组件可多次重复使用的航天运载器。其中，在传统一次性运载火箭基础上改进，采用垂直起降、伞降回收、飞回式回收等方式实现重复使用的运载器也属于此范畴。为了实现回收重复使用，重复使用运载器增加了健康监测系统、回收系统、热防护系统、热控系统、着陆滑跑系统等。

2.2.4　新概念运载器

新概念运载器是指有别于传统化学推进，以新型推进技术及其他新技术为基础的运载器。传统的以化学推进剂为能源的运载器无法满足未来人类常态化、大规模空间探索的需求，需要探索以电磁发射、核热推进、天梯等为代表的新概念运载器，满足未来高性能、长寿命的运载需求。

■ 2.3　航天运载技术专业组成

2.3.1　总体技术

总体技术是根据航天运输系统任务需求和用户要求，采用系统工程理论和方法开展运载器顶层设计、仿真、试验、集成与评估等技术的统称。总体技术是一项多学科、多专业交叉与综合的系统工程技术，其技术水平不但对提高运载器总体效能、缩短研制周期、节省研制经费起着重要作用，而且直接关系着运载器性能指标的先进性，对航天装备整体能力、综合性能和应用水平的提高具有重要意义。

2.3.2　动力技术

动力技术是根据运载器飞行和控制要求，通过将氧化剂和燃料燃烧产生推进力，实现运载器按照预定轨道完成飞行任务的动力系统各项技术的统称。动力系统包括液体火箭发动机、固体火箭发动机、组合循环发动机和新型推进系统等。航天动力技术由系统优化设计技术、结构集成技术、高效稳定燃烧技术、可靠热防护技术、转子动力学技术、进气道/压气机技术、密封技术及自动器技术等专业技术组成，对航天运载器的综合性能和运载效率提高起到关键作用。

2.3.3 控制技术

控制技术是指针对运载器质心与绕心运动进行实时控制，达到稳定飞行、准确到达目标的相关技术。它包含了导航、制导、姿态控制、系统集成、测试、控制仿真以及控制单机共 7 个专项技术。导航是指利用各种测量信息和算法确定运载器的实时运动参数；制导是指根据运载器的实时运动状态和终端要求，控制运载器的质心运动轨迹；姿态控制是指控制运载器的绕心运动，保证运载器姿态控制在期望的状态，并实现制导指令要求；系统集成是指将控制系统导航、制导、姿态控制、时序控制和电源配电等功能融为一体的具体工程实现技术；测试技术是指针对控制系统各项功能与性能开展的测试，以及对运载器发射流程的控制；控制仿真技术是针对运载器控制系统开展的数字仿真和半物理仿真试验技术；控制单机技术是指配合控制系统功能实现，进行运载器运动参数测量、信息处理计算、控制指令执行、电源及配电等相关的单机技术。

2.3.4 结构与机构技术

结构与机构技术是根据总体设计提供的技术指标要求，综合运用材料科学、力学理论、机械设计原理、制造技术和试验测试方法等开展运载器各主承力结构、功能机构及其相关配套设备的设计、分析、制造与检测的各种技术的总称。它由新材料与新结构应用技术、分析与仿真技术、工艺与制造技术、试验与检测技术四个专项技术组成，是运载器符合功能和性能要求、满足航天产品质量标准、顺利完成各项运载任务的基本保障。

2.3.5 测控技术

测控技术是指利用无线电、光学等手段，对航天运载器进行跟踪测量、状态监视、操作控制及信息传输，确保航天运载器按预定计划和状态完成飞行任务，将有效载荷送入预定轨道的相关技术的统称。它由测控系统总体技术、测量与控制技术、信息处理与传输技术、弹道与轨道技术、箭载电子系统与天线技术等组成，是航天运载器正常发射、返回和回收并充分发挥其运载能力不可或缺的保证。

2.3.6　发射支持技术

　　发射支持技术是从各种方式、各种类型运载器发射任务的共性入手,研究在发射场开展的测试、发射、技术保障以及其他关联活动的一般规律和方法的一种交叉性、综合性技术。发射支持技术主要由总体技术、测试技术、发射技术、组织指挥技术、发射勤务技术、评估评定技术和基础支撑等七类技术组成,对于提高航天运载器测试发射效率和水平具有重要作用。

第三章
国外航天运载技术发展现状与趋势

■ 3.1 各领域现状与趋势

3.1.1 一次性运载火箭

美、俄、欧、日等主要航天国家和地区都建立了比较完善的运载火箭型谱，能够满足大、中、小型有效载荷的发射任务。近年来，美国政府通过商业轨道运输计划牵引 SpaceX 等私营航天公司的发展。俄罗斯采用了模块化设计思路研制全新的"安加拉"系列运载火箭，推进火箭的更新换代。在今后相当长的一段时间内，各国进入空间主要依靠一次性运载火箭，一次性运载火箭仍将占据航天运输系统的主导地位。

欧洲"阿里安"6 火箭、日本 Epsilon 火箭、美国"猎鹰"9 火箭等新型火箭研发都在考虑降低运载火箭的研制成本和发射成本，并开展了大量研究，试图通过继承已有的技术成果、使用商业化的电子设备、采用新技术简化系统及操作流程等措施，来降低运载火箭的成本。低成本已经成为航天运载器发展的方向之一。

美国在最新的太空探索计划指导下开始研制 SLS 重型运载火箭。按照计划，美国将很快实现近地轨道 70 t 的运载能力，SpaceX 的星舰两级完全重复使用可提供近地轨道 100 t 的运载能力。俄罗斯也提出了研制运载能力为 130~180 t 的重型运载火箭计划，但由于种种原因其重型火箭计划已经停止。相较于 20 世纪研制的"土星"5等重型运载火箭,当下美国重型运载火箭的研制分为两种途径:SLS遵循了技术继承、分步实施、面向多任务应用的发展思路;重箭—"星舰"瞄准载人登火的大目标,以目标为导向引领技术的集成创新与颠覆。

日本 Epsilon 小型固体运载火箭采用智能发射控制技术,火箭具备自主检测能力,能实现快速发射。相较而言,空基发射具有更快的反应能力和更强的灵活性,美国在已有"飞马座"空射火箭的基础上,正在研制内置抛投式的快速抵达空射火箭,并提出了平流层空射运载火箭系统发展规划。俄罗斯在研的"飞行号"也是空射型运载火箭。快速机动发射运载火箭是快速进入空间的重要途径,可应用于战时或重大自然灾害发生时的应急发射。

国外一次性运载火箭的发展趋势主要有:

(1)一次性运载火箭近期将是航天运输系统的主力工具。

(2)垂直起降重复使用经过快速迭代已经有成熟的工程应用。

(3)重型运载火箭再次得到重视和发展。

(4)快速发射运载火箭得到大力发展。

(5)逐步采用绿色、环保推进剂代替原有的有毒推进剂。

3.1.2 轨道转移飞行器

美国和俄罗斯等国瞄准空间探索、未来空间基础设施建设及其服务、空间攻防领域的需求等航天发展方向,强调经济性、通用性、模块化的设计理念,大力发展多功能、高性能上面级,例如,惯性上面级(IUS)、"阿金纳"上面级、"半人马座"上面级、MiTex 上面级、"质子号"D 上面级、"微风"上面级、"弗雷盖特"上面级、"阿里安"常规上面级和低温上面级等。美国最新研制的 MiTex 上面级具备自主导航制导与控制功能以及对空间目标跟踪的能力,至少可以在轨工作半年以上。俄罗斯"弗雷盖特"上面级采用模块化结构设计,主发动机能够重复起动 20 次,可在两种发动机推力模式下工作,还可以增加太阳能电池帆板以及模块化贮箱,执行更长时间的空间运输任务。

国外轨道转移飞行器的发展趋势主要有:

(1)轨道转移飞行器向模块化、通用化、多用途及多任务的适应性方向发展。

（2）长时间在轨、多次起动、大范围轨道转移是未来的重点发展方向。

3.1.3　重复使用运载器

在重复使用运载器的研制过程中，世界各国始终围绕两条主线开展技术研发和演示验证：一条主线是以火箭发动机为动力的重复使用运载器，另一条主线是以吸气式发动机为动力的重复使用运载器。火箭发动机技术经过几十年的发展已经相对成熟，已成功应用于一次性运载火箭和部分重复使用的航天飞机上，因而在近期较容易实现。

美国重点发展可重复使用运载火箭（XS-1）计划和 X-37B 轨道试验飞行器，以提升进入空间基础级能力，解决轨道再入返回技术，其中 X-37B 已经成功完成了三次轨道再入飞行试验。在组合动力空天飞行器方面，美国在总结其经验教训的基础上明确提出了分三步走的思路：首先以研制高超声速巡航导弹为突破口，其次研制高超声速飞机，最后发展能执行天地往返运输任务的空天飞机。在此背景下，美国陆续开展了 X-43A、X-51A、HSSW 等一系列以高超声速导弹、高超声速飞机等为背景的飞行演示验证计划，取得了重大突破。SpaceX 公司持续开展"蚱蜢"验证机演示试验以验证垂直起降技术，通过发展部分可重复使用技术以期降低有效载荷发射成本。欧洲目前正在开展的是未来运载器准备计划，该计划的重点是过渡性试验飞行器（IXV）技术验证项目，旨在测试再入技术，包括热防护系统、制导、导航和热结构，该项目将于 2015 年年初进行演示验证飞行。Roscosmos 目前正在开展"可重复使用的太空火箭第一级系统"（MRKS-1）研究工作。

国外重复使用运载器的发展趋势主要有：

（1）重复使用运载器的研制从军民合一转向军方主导，军事需求成为促进其发展的重要动因。

（2）火箭动力重复使用运载器已经有成熟的工程应用，各航天大国纷纷瞄准"猎鹰"9 火箭提出相应的重复使用运载火箭计划。

（3）组合动力重复使用运载器技术成为近期研究热点。

（4）两级入轨重复使用运载器构成形式以火箭动力＋组合动力为主，单级入轨重复使用运载器构成形式以组合动力为主。

3.1.4 新概念运载器

美国、德国在电磁发射航天系统方面开展过大量研究，典型的项目包括美国的磁升运器、电磁轨道发射技术与组合动力结合、先进可重复使用空天运输项目以及德国的 EMAIL 项目，这些项目普遍采用磁悬浮轨道发射作为运载器的第一级，结合一次性或可重复使用运载器，实现有效载荷发射任务。

美国和苏联几乎同时在 20 世纪 50 年代中期启动核热推进发动机研制发展计划，并进行了原理样机试验，且主要集中于核裂变。近年来，由于载人火星等计划的实施，美国部分研究机构提出研究核聚变火箭的设想，并已开展部分原理性试验。如果核聚变动力真的成为现实，载人火星行程 30~90 天就可以完成。

美国和日本都通过试验实现了让机器人在悬浮球载平台的帮助下向空中上升了 1.6 km 的试验。国际宇航科学院 2010 年组织来自多国的数十位航天专家开展了为期 3 年的深入的天梯概念、方案及可行性等方面的联合研究，研究表明天梯在技术上是可行的。

此外，国外各航天大国对新型动力技术开展了广泛的研究，电推进、微推进已经实现工程应用，激光推进、太阳/电磁帆、绳系推进正在进行关键技术攻关和飞行演示验证，新型动力技术的发展有效地推动了新概念运载器的发展。

国外新概念运载器的发展趋势主要有：

（1）国外航天强国对新概念运载器开展了大量基础研究，大部分项目处于方案论证阶段。

（2）新概念运载器的研究主要集中在核热运载器、电磁发射、天梯等几个方向。

■ 3.2 各专业现状与趋势

3.2.1 总体技术

美、俄等国具备了各类航天运载器的设计和验证的成熟能力：贯彻模块化、通用化、组合化设计思想，大量采用微型化、轻质化、智能化等技术，正逐步实现一次性运载火箭的更新换代；以航天飞机为代表的重复使用飞行器取得巨大技术突破；轨道转移飞行器拓展到空间武器作战平台等方向，提升了武器装备作战能力。

　　美、俄、欧洲已普遍发展了支持协同设计和并行工程的数字化航天运载器设计与仿真工具，开发了适用于大型运载器复杂构型与布局设计的软件平台；采用虚拟装配技术和先进自动化集成测试技术，实现设计、模装和制造的数字化，极大地缩短了大型复杂航天运载器的研制周期；复杂航天运载器动力学分析、仿真与试验等技术理论完备，在设计与验证的思想和手段上都发生了许多新的变化，逐渐形成了一套较为完整的航天运载器设计与验证的体系；形成了完善的可靠性标准体系和基础数据库，制定了完整的可靠性设计、集成与测试验证规范，为运载器快速发射、降低成本、重复使用、高可靠运行奠定了坚实的基础。

　　总体技术的发展趋势主要有：

　　（1）强调总体性能指标的实现和优化而不追求各分系统的单独优化，采用多学科优化设计技术，充分考虑学科之间的耦合因素，进行最优设计。

　　（2）在进行新型运载器方案选择时，着重考虑运载器是否满足型谱化、低成本等方面需求。

　　（3）积极采用元器件微小化技术、轻质化结构设计技术、智能控制技术、快速发射技术等，向低成本、快速响应、重复使用等方向发展。

　　（4）通过仿真、虚拟样机、虚拟试验等多种技术途径，提高大型试验能力和可靠性设计能力，减少地面试验使用物理样机的数量、试验次数和试验规模，为设计方案选择、地面试验验证、飞行故障分析提供新的手段。

3.2.2　动力技术

（一）液体主动力技术

　　液体主动力是航天发展的基石，受到各航天国家的高度重视。美国研制成功 F-1 液氧、煤油发动机和 J-2 液氧、液氢发动机，实现了载人登月。美国研制成功 RS-68 液氧、液氢发动机，用于"德尔塔"4 运载火箭，运载能力大幅提高；研制成功 SSME 液氧、液氢发动机，开创了航天飞机时代；2002 年以来，SpaceX 公司研制了 Merlin 系列液氧、煤油发动机，2009 年后研制"猛禽"发动机。目前，"猛禽"2 发动机已经成为世界上最先进的闭式循环发动机，可以说

SpaceX 引领了运载火箭技术集成创新和产业链重组。俄罗斯在航天运载领域主要采用液体火箭发动机，研制了型谱完整的液氧、煤油发动机，包括 RD－170、RD－180 和RD－191 等液氧、煤油补燃循环发动机，处于国际领先水平。欧洲研制成功"火神"系列液氧、液氢发动机，用于"阿里安"5 运载火箭。日本研制了 LE－9A 液氧、液氢发动机，用于 H－3 运载火箭。

液体主动力的发展趋势是：

（1）大推力。为了提高运载能力，进行深空探测，简化火箭构型，目前国外主流运载火箭的主发动机推力都在 2 000 kN 以上，随着深空探测的需要，新研运载器主发动机的推力量级持续增大。

（2）高性能。综合性能指标，如比冲、推重比等不断提高，有利于提高运载能力；推力调节范围和混合比调节范围不断加大，有利于实现主动段减载。

（3）低成本。随着发射任务和商业竞争的不断加剧，在优化发动机系统方案的同时，要求发动机成本更低。

（4）动力备份。采用不同的动力装置构建两套独立的航天运输系统，互为备份。

（5）可重复使用。重复使用航天运载器是未来航天发展的终极目标，是降低成本、实现大规模空间开发利用的重要途径。

（6）绿色环保。目前世界航天大国的运载火箭已经完成了主动力从有毒到无毒的更新换代，主动力均采用液氧、煤油或液氧、液氢推进剂。

（二）固体火箭发动机技术

20 世纪 60 年代末，美国突破了大推力固体发动机技术，研制成功"航天飞机"助推器 RSRM、"大力神"4 助推器 SRMU 等一系列固体发动机，应用于"航天飞机""宇宙神""德尔塔"等运载火箭的助推级。欧洲和日本借鉴美国的技术，研制成功"阿里安"5 助推器 P230 等多种型号的固体发动机，应用于"阿里安"5 和 H－2B 运载火箭的助推级。

固体发动机发射流程简单，可实现运载火箭的应急发射。美国发展了"金牛座""雅典娜""米诺陶"等全固体运载火箭，以满足快速机动发射和天对地打击的需要。

固体火箭发动机的发展趋势是：

（1）分段式。运载火箭大推力固体助推动力大部分采用分段式固体发动机以实现有限直径内大装药量、大推力的技术需求。

（2）低成本。通过材料优选、固体推进性能改进和组件通用化设计，不断降低固体发动机的成本，从而有效降低火箭发射成本。

（3）高可靠。充分采用成熟技术和通用组件减小研制难度和风险，成为新型运载火箭助推动力达到高可靠的有效途径。

（三）轨道转移飞行器主动力技术

美、俄等国通过开展先进、高性能的上面级发动机研究，挖掘运载器的有效载荷潜力。美国利用新技术继续对 RL－10 低温上面级发动机进行改进，通过采用大面积比喷管技术，不断提高发动机性能。俄罗斯上面级发动机主要以 RD－58 系列、RD－161 液氧、煤油发动机以及"微风""快艇"常规推进剂发动机为主，通过采用多次起动、长时间在轨等技术，实现多任务适应性。同时，开展 RD－0146 带延伸喷管氢氧上面级发动机研制，以提高运载能力。欧洲"阿里安"5 上面级，从常规"埃斯托斯"（Aestus）发动机，液氧、液氢开式循环发动机 HM－7B，发展到 180 kN 液氧、液氢膨胀循环"芬奇"（VINCI）发动机；此外，还开展了液氧、甲烷上面级发动机研究。

上面级和轨道转移飞行器主动力技术的发展趋势是：

（1）通用化。通过采用不同推进剂组合、不同推力量级，实现上面级发动机的通用化。

（2）高性能。通过发展膨胀循环液氧、液氢发动机、补燃循环液氧、煤油发动机、复合材料或钛合金材料大面积比喷管及折叠喷管等技术，提高发动机的性能。

（3）结构高集成度设计。上面级采用异型承力共底贮箱技术、推进剂浸泡式总装结构、嵌入贮箱锥槽的发动机结构等技术最大化上面级空间利用率，有效减小箭体尺寸，提高运载能力。

（4）多任务适应性。通过采用多次起动、长时间在轨等技术，提高上面级对不同任务的适应性。

（5）常规和无毒推进剂上面级并存。新研上面级发动机均采用无毒推进剂，主要是液氧、液氢和液氧、煤油。由于常规发动机操作方便，可长时间在轨，仍然具有一定优势。

（四）组合循环动力技术

组合循环发动机主要包括 RBCC（火箭基组合循环）发动机、预冷组合动力及 TBCC（基于涡轮的组合循环推进系统）发动机等。RBCC 发动机方面，截至目前，单项技术已得到了深入验证，正在开展工程化集成演示验证研究，计划在2020—2025 年实现 RBCC 动力系统推进的空天飞机飞行。预冷组合发动机方案则不断收敛，英国的复合预冷吸气式火箭发动机（SABRE 发动机）方案和日本的预冷式涡喷发动机（S – engine 发动机）方案成为主要方向，正在开展关键技术验证。空气涡轮火箭发动机（ATR 发动机）开展了大量的单项关键技术攻关和总体应用研究，正在开展多种应用的技术验证。

组合循环动力技术的发展趋势是：

（1）组合循环动力是天地往返运输系统的动力发展方向。组合循环动力结合了吸气式动力高比冲和火箭动力高推重比的优点，是未来重复使用天地往返运输系统的理想选择。

（2）RBCC 和预冷组合动力是发展重点。组合循环动力种类繁多，主要包括 RBCC、TBCC、复合预冷和 ATR 等，其中 RBCC 和预冷组合动力基础较好，是有望实现提前突破的两种方案。

（3）组合动力与飞行器高度一体化。根据关键技术特点，组合动力涉及的气动、燃烧、热防护、模态转换及预冷技术是需要重点解决的关键技术。

（4）基础技术与应用研究并重。组合动力技术的突破，依赖于基础技术的推动，发展过程中均需结合工程应用目标深入开展基础理论和机理研究。

（五）新型推进技术

国外各航天大国对新型推进技术进行了广泛研究，电推进和微推进已经实现工程应用；连续爆震发动机正在开展验证样机试验；激光推进、太阳/电磁帆、绳系推进等正在进行关键技术攻关和飞行演示验证；核推进在 20 世纪 60 年代得到深入研究，技术成熟度较高，正在开展关键技术研究。

新型推进技术的主要发展趋势是：

（1）电推进朝着大推力、高比冲、长寿命的方向发展，磁等离子体发动机寿命长、功率密度高、能量转换效率高，是大推力电推进的发展重点。

（2）连续爆震发动机具有燃烧效率高、系统简单等特点，是天地往返运输系统动力最有潜力的方案之一。

（3）激光推进、太阳/电磁帆、绳系推进等新型推进技术，在未来空间探测、星际航行和轨道转移等方面具有一定的应用前景。

（4）核热推进比冲高、推力大，是空间轨道转移和载人星际航行较为理想的动力；核电推进比冲高、寿命长，是未来无人深空探测的理想动力。

3.2.3　控制技术

运载控制技术一直是美、俄、欧、日等航天大国和地区国际组织研究的重点方向。国外对长时间在轨自主导航制导技术已研究多年，如美国先后研制了空间六分仪、麦氏自主导航系统（MANS）、地球基准姿态确定系统（ERADS）等，利用各种天体如恒星、行星、小行星和 X 射线脉冲星等进行导航；大气层外自适应制导技术已经较为成熟并不断得到改进，"土星"5、"阿里安"5、"航天飞机"、"猎鹰"9 等运载器均在飞出大气层后采用了鲁棒能力强的自适应制导方案，世界主要航天国家对大气层内自适应制导控制技术也有较多研究；再入返回制导控制技术方面，以航天飞机、RBV 为代表，在多源信息融合、预测—校正制导、多执行机构异类复合控制、容错控制等技术上有很大发展；测试技术方面，美国先后发展了四代测试系统，不断提高快速性和通用性，而日本更是针对其固体小运载火箭提出了移动发射控制（MLC）的概念；控制单机方面，光学惯组、星敏感器等高精度测量器件已广泛应用于各航天大国的航天运载器，大功率的液压伺服机构、电动伺服机构都得到成功应用，并发展出机电静压式、容积式等新型伺服机构。

运载控制技术的发展趋势主要有：

（1）多种传感器信息融合导航技术成为主要发展方向，随着运载器在轨时间增加，自主天文导航得到广泛应用。

（2）复杂约束下的自适应制导控制技术，特别是大气层内自适应制导技术受到越来越多的关注和研究。

（3）系统集成技术主要向模块化、集成化方向发展，并在冗余设计、箭上高速总线技术、软件工程化等方面有较快发展。

（4）测试技术的重点研究方向是快速测发控技术、云计算与大数据管理技术等。

（5）控制单机方面，光学惯组、星敏感器等测量器件不断向高可靠、高精度、小型化方向发展；伺服机构则根据需求以高可靠、大功率等为主要发展目标。

3.2.4　结构与机构技术

国外航天运载器普遍采用高强轻质金属材料和先进复合材料以实现结构轻量化和综合性能提升。7055 高强铝合金和 2195 铝锂合金以其优越的力学性能分别成功应用于多种型号火箭的关键承载部件和 10 m 级贮箱结构中，部分运载器甚至采用整体碳纤维夹层复合材料舱段，取得了显著的减重效果。

通过改进常规结构件性能，国外航天器衍生出了低温共底贮箱、异形悬挂式贮箱和表面张力贮箱，研制出了系列化的高可靠、低冲击、大承载和非火工的连接解锁和分离装置；通过技术创新实现常规运载器结构的功能集成化，产生了分别具有热防护功能和减振降噪功能的运载器结构，满足了各类运载型号的研制需求。

国外研究机构积极开展在运载器结构先进设计方法和试验检测技术方面的研究，在复合材料结构的缺陷分析与寿命评估技术、大型舱段结构的制造偏差折减因子评价技术、超大推力振动试验等方面已具有丰富的技术积累。同时，国外研究机构积极开展增材制造、超塑成形等先进制造技术的研究，旨在突破加工大型复杂一体化成形结构件和大型薄壁结构件等的工艺瓶颈。

结构与机构技术的发展趋势主要有：

（1）通过应用新型高强轻质金属材料、先进复合材料实现运载器结构轻量化和综合性能的提升。

（2）通过对常规运载器结构进行性能改进和功能集成，形成能适应严酷力学环境和复杂技术要求的改进型结构部件和多功能一体化结构。

（3）通过考虑材料缺陷和建立模拟更真实力学环境的试验平台，实现精细化和精准化的结构设计、分析与试验检验技术的提升。

（4）通过研究先进制造工艺技术，突破复杂大型运载器结构件的制造工艺瓶颈，提升结构力学性能。

3.2.5　测控技术

运载器测控技术从第二次世界大战时期德国测量 V2 导弹落点起步。美国的测控技术在 20 世纪 50 年代得到快速发展，先后研制并装备了 AN/FPS 系列脉冲雷达、"ODOP"系统（为多 Ś 体制）、"米斯特拉姆"（MISTRAM）、"阿祖塞"（AZUSA）和"环球跟踪网"（GLOTRAC）等系统，研制了对应弹箭载脉冲应答机、连续波应答机等。美、俄、欧洲等围绕发射场及飞行航区建设了大量的经纬仪、脉冲雷达、连续波雷达、遥测、遥控发射机等光学和无线电测量控制设施与设备，以支持各种类型的运载器发射任务。

随着 GPS 系统和 TDRS 系统的发展，美国提出了天基靶场的概念，即使用 GPS 和 TDRS 等天基测控资源取代现在大量使用的地基雷达、遥测接收机和控制系统，并由位于关键发射设施的地基设备做补充，建立具备全面覆盖地球表面和低地球轨道（LEO）的快速反应发射、在轨操作、轨道转移、交会、对接和再入能力的靶场系统。20 世纪末，美国空军航天司令部（AFSPC）在国家安全空间路线图（NSSRM）中勾画出了发展天基靶场的时间表，并大力开展天基测控技术研究与试验。美国已将 GPS 卫星用于航天发射跟踪，以取代当前的雷达跟踪系统，并于 2014 年 8 月成功进行了完全依赖 GPS 进行跟踪的发射任务试验，标志着未来空军从卡纳维拉尔角和范登堡空军基地的火箭发射跟踪将依赖于 GPS 信号。美空军还在研究箭载飞行安全自主管理系统，利用箭载计算机代替地面人员执行偏航火箭的自毁程序，GPS MT 跟踪装置与箭载飞行安全自主管理系统可能应用于天基靶场建设。此外，美国成功进行了多个火箭型号的数十次运载火箭天基测控支持，利用 S 频段传输了 128～512 kbps 的火箭遥测数据和低速遥控数据。目前，美国已在航天飞机上使用 TDRSS（跟踪与数据中继卫星系统）和 GPS 卫星以及低功率收发机进行了通信与导航演示（CANDOS）实验，利用 TDRSS 和 GPS 卫星及 F-15B 飞机及地面跟踪设施进行了天基遥测与靶场安全（STARS）演示实验，为天基靶场建设奠定了坚实的基础。

航天运载器测控技术的发展趋势主要有：

（1）航天运载器关键段落仍需要地面提供测控支持。航天任务高价值、高风险，需确保万无一失，运载器发射段是风险最大的飞行段，而地面测控可确保在异常情况下为故障分析提供数据支持。

（2）航区测控向遥测信息接收发展。随着箭载 GNSS（全球导航卫星系统）测量技术的发展，GNSS 测量已经可以解决航区高精度弹道监视问题，而航区地面测量将逐步向获取遥测飞行数据过渡。

（3）运载器测控从传统地面测控走向天基测控应用。天基测控可以很好地解决高测控覆盖率和降低成本之间的矛盾，国外已利用中继卫星开展了遥测、安控、跟踪测量试验与应用，并催生了天基靶场的概念。

（4）在传统测控支持的基础上提高快速测控能力。快速响应发射要求航天运载器测控系统具备快速灵活的组网和系统测试能力，能够使航天运载器具有更强的机动发射能力。

（5）箭载系统向综合化、数字化和软件化方向发展。未来箭载应答机、安控接收机、中继终端、导航终端等单元将在信道、基带方面进行功能综合，从而减轻负荷，提高系统多任务处理和电磁兼容性。

（6）传感器更新换代以适应新环境、新参数测量需求。随着新型航天运载器的发展，新类型参数、新的环境适应性对传感器提出了更高、更全面的要求，其小型化、智能化和总线化将得到全面实现和应用。

3.2.6　发射支持技术

美国、俄罗斯、法国、日本等世界主要航天国家实现了以三垂/三平测发模式、陆基机动发射、空基发射、大型/重型运载火箭全箭整体运输、大流量低温加注、箭地自动对接脱落、无塔/简易塔式发射等为代表的先进发射支持技术的全面提升，在发展方向上均根据本国航天运载器的发展，以增强多样化发射能力为统揽，将提高测试发射效率和安全可靠性作为目标，以实现发射支持的信息化、自动化、智能化、集约化为基本途径，持续加快先进发射支持技术的研究与应用。

发射支持技术的发展趋势主要如下：

（1）发射总体技术在地面固定发射的基础上，逐步发展陆基机动、空基和海基发射技术，增强发射的快速性、生存性，具备完成多样化发射任务的能力。

（2）测发模式和测发控技术以整体测试运输和智能化、远程化、高可靠测发控为发展方向，有效减少技术状态变化，提高测发效率和任务的安全可靠性。

（3）大流量低温加注、自动化加注、箭地连接器自动对接脱落和大吨位牵制释放为发射技术发展的主要方向。

（4）勤务保障技术以集约化、实用化为发展方向。促进设备的通用化、系列化、组合化，广泛采用简化发射区、取消勤务塔或采用简易勤务塔的方案。

第四章
国外主要运载火箭型谱

■ 4.1 美国

4.1.1 美国运载火箭发展历程

自 1958 年"先锋"号火箭成功进入轨道，美国运载火箭发展经历了三个时期（见图 19）。

（一）第一个时期（1955—2001 年）：突破有无，能力变大

1955 年，为了投送核武器，美国国防部支持了"战略导弹"项目，研制了四型运载工具："宇宙神""大力神""雷神"和"木星"，而后演变为美国第一代运载火箭："宇宙神"系列、"大力神"系列和"德尔塔"系列（雷神火箭）。

1960 年，以载人登月为目标，美国研制了"土星"系列运载火箭（"土星"1、"土星"1B 和"土星"5）。1969 年载人登月成功后，1972 年美国运载火箭发展转向重复使用。

1981 年，航天飞机首飞，引领重复使用运载工具的首次兴起。在吸取了 1986 年"挑战者"号航天飞机失事造成机毁人亡的惨痛教训之后，美国政府又重新恢复了一次性运载火箭使用，建立了一支由航天飞机和一次性使用运载火箭组成的运载器队伍。

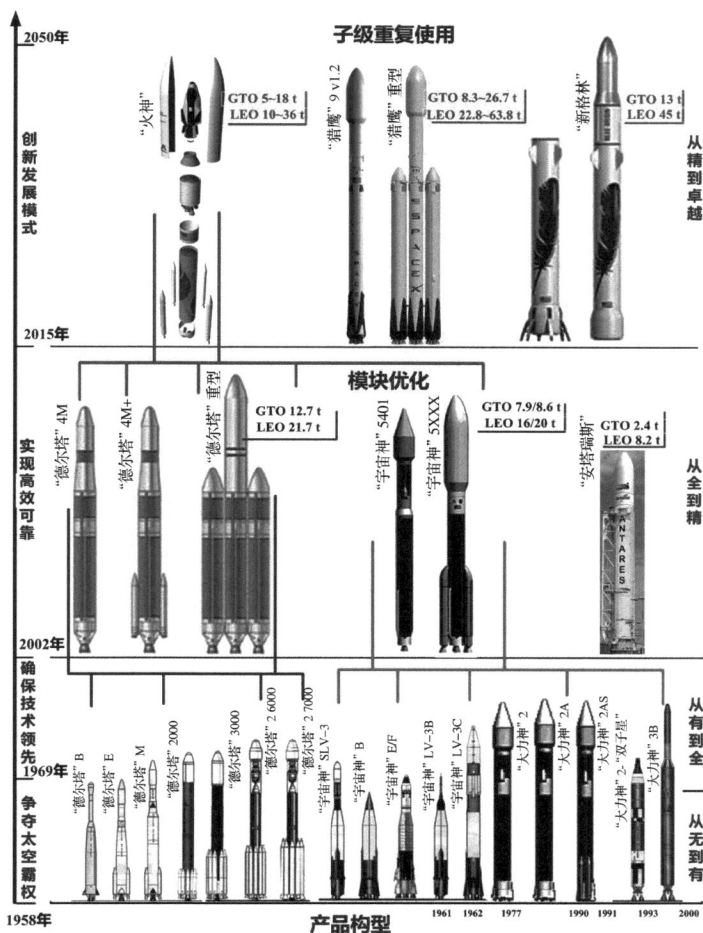

图 19 美国运载火箭演进

(二) 第二个时期（2002—2016 年）：三化设计，效能提升

美国重启一次性运载火箭使用，受制于运载火箭内在设计不足、保障体系和保障能力衰退等因素，各型一次性运载火箭均出现致命性飞行事故。

美国空军在 1994 年提出"改进型一次性运载火箭计划（EELV）"，支持完成两型新的运载火箭研制（"宇宙神"5 系列和"德尔塔"4 系列），2002 年两型运载火箭首飞成功。以"模块化、通用化、组合化"构建的模块运载火箭型谱（"宇宙神"5 和"德尔塔"4），成为 21 世纪初运载发展的标杆。

自 2006 年开始，ULA 公司垄断美国一次性运载火箭发射市场。2006 年，

NASA发布商业轨道运输服务计划，支持四家公司开展商业发射里程碑研究。2008年SpaceX公司、维珍轨道科学公司获得空间站商业货运补给合同。

2010—2013年，"猎鹰"9运载火箭、"安塔瑞斯"运载火箭成功首飞，执行空间站货运补给发射。目前，"安塔瑞斯"运载火箭几经改进，一子级选用RD-181发动机，专注于空间站货运补给任务。"猎鹰"9系列火箭已经覆盖所有类型的发射任务。

美国2004年提出重返月球计划，2005年启动"战神"系列火箭研制，2011年美国终止了"战神"火箭，减小规模启动了"太空发射系统"的研制。

（三）第三个时期（2017至今）：融合创新，重复使用

美国商业运载火箭源于政府支持，兴于NASA的2004年商业轨道运输服务计划，盛于SpaceX公司。当前美国商业火箭公司呈现"两大多小"局面："两大"为SpaceX公司、蓝色起源公司，"多小"为火箭实验室（Rocket Lab）、Astra空间公司、维珍轨道公司等。

SpaceX公司的"猎鹰"9系列火箭、"猎鹰"重型火箭占据世界入轨载荷的50%以上；"电子"号小火箭已执行多次发射任务。蓝色起源公司、Astra等私人公司的"新格林"火箭、Rocket 3.3火箭等正在研制，这在一定程度上已经改变了美国运载火箭发展态势。

2010年之后，美国私人公司运载火箭兴起。2015年SpaceX公司"猎鹰"9火箭陆上成功回收一子级，2017年3月回收的一子级重复使用成功。"猎鹰"9火箭垂直起降重复使用模式颠覆了传统一次性运载火箭，大幅降低了发射费用，并不断刷新一子级重复使用纪录，构建重复使用航天运输体系。

4.1.2 第一个时期的发展（1958—2001年）

自1958年2月"邱诺"1运载火箭成功发射美国首颗人造卫星"探索者"1号，美国在第一个时期研制并投入使用了"邱诺""雷神""宇宙神""德尔塔""侦察兵""大力神""土星""飞马座"等10余种运载火箭系列，满足政府、商业及军事的不同发射需求。

早期美国运载火箭型号以战略导弹为基础进行研制，在后续发展中不断改型，最终形成了多种型号的火箭系列家族。其中主力运载火箭有三个系列："宇宙神”系列、“德尔塔”系列、“大力神”系列。

专项任务主要有两类运输工具：1）1961—1972 年，为“阿波罗”登月计划专门研制了土星 1、土星 1B 和土星 5 系列火箭；2）1981—2011 年，这段时间的重点是可重复使用航天飞机，先后研制了 5 架航天飞机，为小型载荷、试验提供廉价、快速进入空间的运输工具；1959 年研制了“侦察兵”系列火箭，1990 年美国首个完全由私人公司投资研制的“飞马座”火箭系列开始服役。

（一）“宇宙神”系列火箭

“宇宙神”（Atlas）系列运载火箭是以“宇宙神”洲际弹道导弹为基础发展起来的，总计 23 种，由美国空军负责研制。基础级共 16 种，外加新型“宇宙神”1、2、3、5（见图 20）。

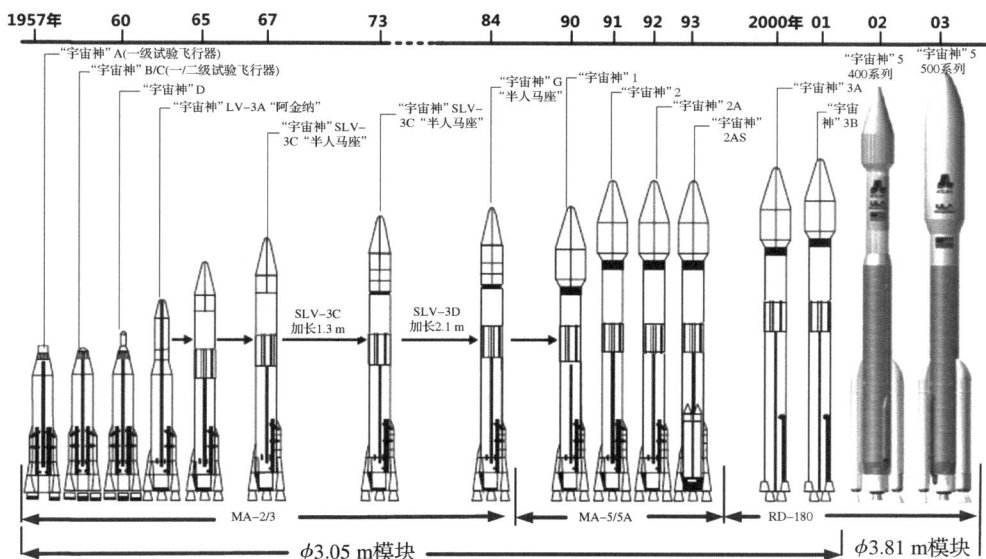

图 20　“宇宙神”系列运载火箭演进

20 世纪 50 年代末，美国空军在“宇宙神”试验弹和洲际导弹 A，B，C，D 的基础上开始研制“宇宙神”系列运载火箭。“宇宙神”系列的发展可分为 4 个分支：

第 1 分支：1958—1961 年发展的单级“宇宙神”B 和 D。

第 2 分支：1959—1968 年，在“宇宙神”D 基础上改进而来的“宇宙神”LV-3 系列及由“宇宙神”导弹改装而成的“宇宙神”E 和 F。

第 3 分支：1964—1984 年，在"宇宙神"LV - 3 基础上发展而来的"宇宙神"SLV - 3 系列标准运载火箭，同时又在 SLV - 3D 的基础上发展了"宇宙神"G 和 H。

第 4 分支：1986 年后，在"宇宙神"G 的基础上发展了 7 种新型多级火箭。

从 1958 年首飞至今，"宇宙神"系列承担了 300 多次发射任务，目前大部分火箭已经退役，现役的"宇宙神"5 系列为美国当前的主力火箭之一。

"宇宙神"系列火箭先后完成了两代火箭的演进：

（1）第一时期：由无到有，由有到全。

①以"宇宙神"导弹为基础增加上面级。

②发动机性能持续提升，从 MA - 2/3 升级到 MA - 5/5A。

③优化二子级。

（2）第二时期：由全到优。

①更换更大推力发动机（RD - 180）。

②更换箭体直径（从 ϕ3.05 m→ϕ3.81 m）。

③捆绑不同数量固体助推 + 优化氢氧二子级模块。

1986 年"挑战者"号航天飞机失事之后，美国全面恢复一次性运载火箭的使用。"宇宙神"2 系列运载火箭（其参数见表 4 - 1）由通用动力（General Dynamics）公司在新型"宇宙神" - "半人马座"火箭 - "宇宙神"1 的基础上，通过加长推进剂箱，增加推进剂加注量、捆绑助推等手段的不断改进发展而来的，共有"宇宙神"2、2A（见图 21）和 2AS 等 3 种型号。

表 4 -1　"宇宙神"2 系列运载火箭参数

型号　　参数	"宇宙神"2	"宇宙神"2AS
基础级	MA - 5A	MA - 5A
单台推力/kN	2 084	2 084
推进剂	液氧、煤油	液氧、煤油

参数 型号	"宇宙神" 2	"宇宙神" 2AS
助推器/台	—	4（"卡斯托" 4A）
单台推力/kN	—	452.2
推进剂	—	端羟基聚丁二烯
二级	"半人马座" 上面级	"半人马座" 上面级
发动机/台	2（RL－10A）	2（RL－10A）
单台推力/kN	2×74.5	2×92.5
推进剂	液氢、液氧	液氢、液氧
工作时间/s	505	402
LEO 运载能力/t	6.58	8.62
GTO 运载能力/t	2.77	3.72

图 21　"宇宙神" 2A 系列运载火箭

　　"宇宙神" 2 系列运载火箭于 1991 年 12 月首次发射，到 2004 年 8 月退役，共发射 63 次，全部成功。其中，"宇宙神" 2 基本型发射 10 次，"宇宙神" 2A

型发射 23 次，"宇宙神" 2AS 型发射 30 次。

"宇宙神" 2A – "半人马座" 2A 是 "宇宙神" 2 – "半人马座" 2 的改进型，两者的基础级完全相同，但对二子级（"半人马座" 2）的 RL10A – 3 – 3 发动机和电子设备控制装置进行了改进。"宇宙神" 2AS 在 "宇宙神" 2A 基础上，捆绑了 4 枚 "卡斯托" – 4A 助推器。

（二）"德尔塔" 系列运载火箭

"德尔塔" 系列运载火箭（见图 22）是在 "雷神 – 艾布尔" 火箭的基础上发展起来的运载火箭，发射了世界上第 1 颗地球同步轨道卫星。随着卫星发射要求的不断提高，"德尔塔" 火箭也在逐步发展，至今已有 50 余种型号，是世界上型号最多、改型最快的运载火箭系列。

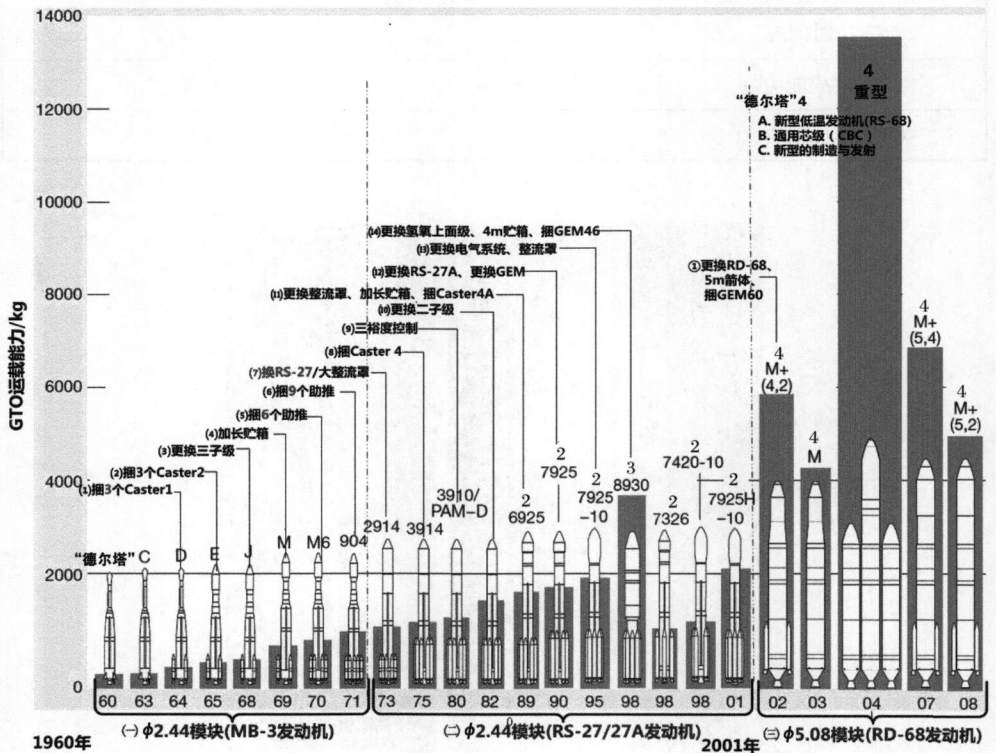

图 22　"德尔塔" 系列运载火箭型谱及演进

"德尔塔" 2 系列（Delta Ⅱ）运载火箭是 "德尔塔" 3920 – PAM 的改进型，是该系列中极具代表性的一代运载火箭。1986 年 "挑战者" 号航天飞机失事后，美国重新认识到了一次性运载火箭的重要性，开始研制更强动力的"德尔塔"2运载火箭，其首要任务是替代"航天飞机"发射全球定位系统（GPS）卫星，并于1989年2月14日首次发射。

"德尔塔"2（见图23）可装配成二级或三级火箭，并可以捆绑不同数量的固体助推器，分为6000系列、7000系列等10个型号，其中6000系列已经在1992年停飞，"德尔塔"7320目前仍在执行发射任务。截至2013年7月，"德尔塔"2（该系列总体参数见表4-2）共计发射151次，失败2次。

图23　"德尔塔"2系列运载火箭

表4-2　"德尔塔"2系列运载火箭总体参数

型号 参数	"德尔塔" 6920	"德尔塔" 6925	"德尔塔" 7920	"德尔塔" 7925	"德尔塔" 7925H
级数	2	3	2	3	3
全长/m	39.81	39.38	39.38	39.38	39.79
最大直径/m	4.60	4.60	4.60	4.60	5.0
起飞质量/t	210.56	217.27	230.12	230.85	285.82
起飞推力/kN	3 565.1	3 565.1	3 606.3	3 606.3	4 149.9
运载能力/t	3.98（MEO）	1.447（GTO）	3.182（SSO）	1.832（GTO）	2.180（GTO）

续表

型号 参数	"德尔塔" 7320	"德尔塔" 7326	"德尔塔" 7420	"德尔塔" 7425	"德尔塔" 7426
级数	2	3	2	3	3
全长/m	39.38	39.38	39.79	39.38	39.38
最大直径/m	4.60	4.60	4.60	4.60	4.60
起飞质量/t	150.09	150.46	163.66	164.74	163.67
起飞推力/kN	2 265.0	2 265.0	2 712.1	2 712.1	2 712.1
运载能力/t	1.652（SSO）	0.929（GTO）	1.998（SSO）	1.129（GTO）	1.060（GTO）

　　"德尔塔"2系列运载火箭根据一子级发动机的不同可以分为6000、7000两个系列，6000系列包括6920和6925型，其一子级加长了贮箱长度，发动机为RS-27，捆绑"卡斯托"-4A固体助推器。

　　7000系列包括7320、7326、7420、7425、7426、7920（其总体参数见表4-3）、7920H、7925和7925H型，其一子级采用RS-27A发动机，捆绑GEM-40/GEM-46固体助推器。

表4-3　"德尔塔"7920总体参数

级数		3	运载能力/kg		
全长/m		39.38			
起飞推力/kN		3 006.3			
起飞质量/t		230.12			
整流罩	直径/m	3.0	SSO：3 182		
	长度/m	9.2			
	重量/kg	1 040			
—		一子级	二子级	三子级	助推器
直径/m		2.44	2.44	1.25	1.02

	一子级	二子级	三子级	助推器
长度/m	26.1	5.97	2.2	12.95
结构质量/t	5.94	0.85	0.208	9×1.315
推进剂质量/t	95.66	6.06	2.09	9×11.765
发动机/台	1(RS-27A)	1(AJ-10-118K)	1(STAR-48B)	9(GEM-40)
推进剂	液氧、煤油	四氧化二氮、混肼-50	聚丁二烯复合固体推进剂	聚丁二烯复合固体推进剂
推力/kN	890	42.85	66.64	9×446
比冲/(m·s^{-1})	2 492.9	3 132.4	2 871.4	2 406.6
工作时间/s	265.9	439.7	88.1	63.3

动力装置由主发动机 RS-27A（见图24）（"德尔塔"6920 和"德尔塔"6925 用 RS-27）和两台 LR-101-NA-11 游动发动机组成，由洛克达因公司研制。

二子级发动机同"德尔塔"3900 系列二子级发动机相同，均为 AJ-10-118K 液体火箭发动机（见图25），由航空喷气公司研制。

图24 RS-27A 发动机

图25 AJ-10-118K 发动机

（三）"大力神"系列运载火箭

"大力神"系列运载火箭是在"大力神"洲际弹道导弹基础上发展起来的运载火箭（见图26）。"大力神"2是两级运载火箭，是"大力神"系列后续火箭的基础。"大力神"3A是"大力神"2使用了新型上面级研制而成，"大力神"3B是在"大力神"2的基础上更换了新型"阿金纳"第三级；"大力神"3C是在"大力神"3A的基础上捆绑了两个固体助推器；"大力神"3D是没有装备上面级的"大力神"3C；而"大力神"3E则是加装了强大的"半人马座"上面级的"大力神"3D，这个型号曾发射过"旅行者"星际探测器等。

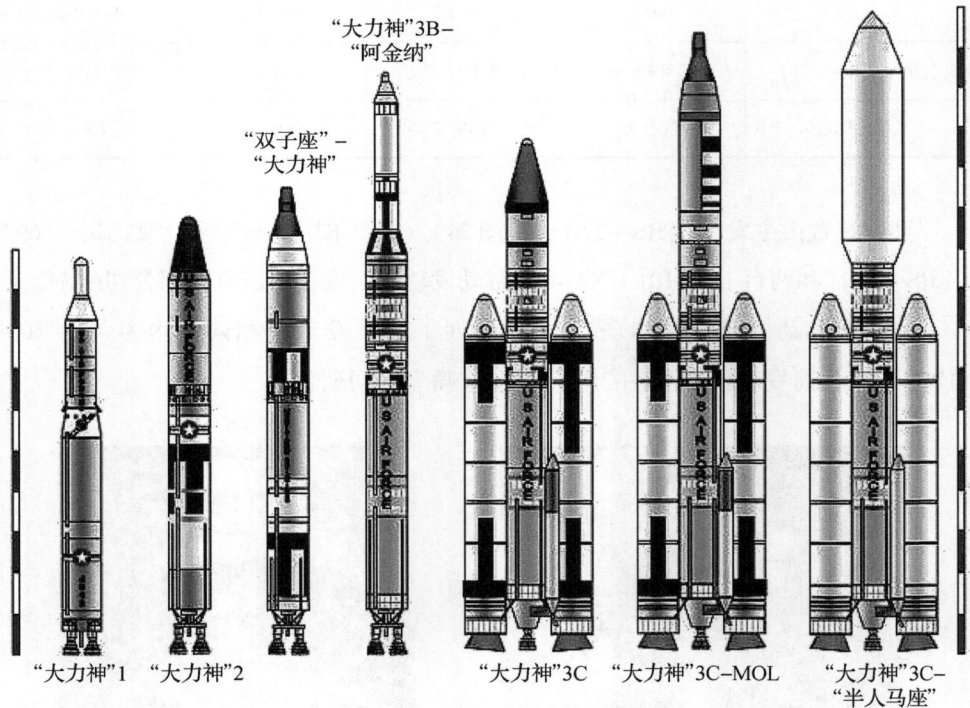

图26　"大力神"系列火箭型谱

在1986年"挑战者"航天飞机失事后，美国开发了"大力神"3商业运载火箭，并为空军开发了最强大的非载人运载火箭"大力神"4，将"卡西尼"号探测器发射到土星。

"大力神"4（TITAN IV）系列火箭分为"大力神"4A（TITAN IV A）和"大力神"4B（TITAN IV B）两种型号，可在范登堡空军基地和卡纳维拉尔角空军基地发射，该系列运载火箭的研发确保了美国空军拥有与航天飞机等量级的运载能力。

"大力神"4A运载火箭由两枚 UA－1207 固体助推器及两级液体芯级组成，其芯级结构和"大力神"3 的芯级结构基本相同，不同之处是，一子级长度增加，贮箱容量增大。"大力神"4A 可以在不加上面级的状态下发射近地轨道航天器，也可以加装惯性上面级或"半人马座"上面级。"大力神"4A 于 1989 年 6 月 14 日首飞，1998 年退役，期间共计发射 22 次，失败 2 次。

"大力神"4B（见图 27）是"大力神"4A 的后继型号，主要是改用 SRMU 固体助推器，增大了装药量和推力，减轻了结构质量，使运载能力较"大力神"4A 提高 25%，靶场测发流程也大幅简化（该型火箭总体参数见表 4－4）。"大力神"4B 于 1997 年 2 月 23 日首飞，并于 2005 年 10 月 19 日完成"大力神"系列火箭投入使用 50 年来的最后一次发射。大力神系列火箭共发射 17 次，成功 15 次，失败 2 次。

图 27 "大力神"4B 运载火箭

表 4 – 4　"大力神" 4B – "半人马座"总体参数

级数	3	运载能力/kg		
全长/m	59.04	GSO: 5 770		
起飞推力/kN	13 531.6			
起飞质量/t	935.45			
整流罩　直径/m	5.08			
整流罩　长度/m	26.17			
整流罩　重量/kg	6 300			
	一子级	二子级	三子级	助推器
直径/m	3.05	3.05	4.32	3.20
长度/m	27.24	8.23	8.98	34.26
结构质量/t	8.7	4.5	3	2 × 37.5
推进剂质量/t	152.57	34.74	20.865	2 × 312.08
发动机/台	2 (LR – 87 – AJ – 11A)	1 (LR – 91 – AJ – 11A)	2 (LR – 10A – 3 – 3A)	2 (SRMU)
推进剂	四氧化二氮、混肼50	四氧化二氮、混肼50	液氢、液氧	端羟基聚丁二烯
推力/kN	2 034.6	467.1	146.8	2 × 6 715.8
比冲/(m·s⁻¹)	2 473	3 094	4 378	2 506
工作时间/s	185.5	230	622	137.8

(四)"土星"系列运载火箭

"土星"系列运载火箭是 NASA 专为"阿波罗"登月任务而研制的大型液体运载火箭，先后研制了"土星"1、"土星"1B 和"土星"5 三种火箭。

"土星"1 火箭是美国为了实现载人登月的"阿波罗"计划而研制的第一种大型液体推进剂运载火箭，主要执行近地轨道飞行任务。"土星"1B 运载火箭于 1959 年由马歇尔航天中心负责研制，在"土星"1 的基础上改进研制。一子级与"土星"1 的一子级构造基本相似，但结构较轻，推力增大。二子级推进剂容量比

"土星" 1 的二子级增加两倍多，用 1 台 J – 2 发动机取代 6 台 RL – 10 发动机。

"土星" 5 运载火箭（其总体参数见表 4 – 5）由 "土星" 1 和 1B 发展而来，是 "土星" 运载火箭系列的最后一个型号，也是迄今为止研制的最大的重型三级液体火箭，其主要任务是将 "阿波罗" 载人飞船送入月球过渡轨道。

表 4 – 5　"土星" 5 运载火箭总体参数

级数	3	运载能力/t	
全长/m	110.64	LEO：120 EO（逃逸轨道）：50	
起飞推力/kN	34 029		
起飞质量/t	2 945.95		
	一子级	二子级	三子级
直径/m	10.06	10.06	6.6
长度/m	42.06	24.87	18.1
结构质量/t	131	36	11.47
推进剂质量/t	2 148	457	110.53
发动机/台	5（F1）	5（J2）	1（J2）
推进剂	液氧、煤油	液氢、液氧	液氢、液氧
推力/kN	34 029	5 148	902
比冲/(m·s⁻¹)	2 607	4 168	4 217
工作时间/s	168	366	144 + 336

"土星" 5 运载火箭由马歇尔太空飞行中心总指挥沃纳·冯·布劳恩与他的德国火箭团队担任设计研发工作，主要的承包商包括波音公司、北美人航空公司、道格拉斯飞行器公司以及 IBM。"土星" 5 是迄今为止人类所建造过的最大的运载火箭，是运载火箭史上的一个重要里程碑。

1969 年 7 月 16 日，由 "土星" 5 SA – 506 发射的 "阿波罗" 11 号飞船实现了人类的首次登月。在 1967 年到 1973 年间美国共发射了 13 枚 "土星" 5 运载火箭，全部成功。

　　"土星" 5 运载火箭一子级采用 5 台洛克达因公司研制的 F－1 发动机（见图 28），1 台在中心固定安装，4 台在外围安装，摆角为 ±6°。F－1 发动机为定推力、单次启动液氧、煤油发动机，混合比为 2.27。二、三子级发动机均采用 J－2 氢氧发动机：二子级采用 5 台 J－2 氢氧发动机（见图 29），真空总推力达 5 148 kN，1 台固定安装在中心，4 台外围发动机平行于子级中心线安装，可进行矢量控制；三子级采用 1 台 J－2 发动机（见图 30），真空推力为 902 kN。

图 28　"土星" 5 一子级 5 台 F－1 发动机

图 29　"土星" 5 二子级 5 台 J－2 发动机试车

图 30　"土星" 5 三子级 1 台 J－2 发动机

（五）"飞马座"运载火箭

"飞马座"（Pegasus）运载火箭包括标准型和加长型两种构型，1990 年 4 月 5 日首飞。"飞马座"运载火箭（见图 31）是美国首个完全由私人企业投资研制的空中发射小型商用火箭系列，主要用于小型低轨卫星的发射任务（其总体参数见表 4 -6）。

图 31　"飞马座"运载火箭地面停放图

表 4 -6　"飞马座"运载火箭总体参数

级数	3		
全长/m	15.5		
起飞推力/kN	498.2	运载能力/kg LEO：375	
起飞质量/t	18.886		
整流罩直径/m	1.27		
入轨精度	高度偏差：36 km		
	倾角偏差：±0.2°		
—	一子级	二子级	三子级
长度/m	9.4	2.31	1.47
直径/m	1.27	1.27	0.97
结构质量/t	1.87	0.375	0.2
推进剂质量/t	12.15	3.025	0.782
发动机/台	1（Orion 50S）	1（Orion 50）	1（Orion 38）

一	一子级	二子级	三子级
推进剂	端羟基聚丁二烯	端羟基聚丁二烯	端羟基聚丁二烯
推力/kN	486.7	122.8	40.3
比冲/(m·s^{-1})	2 894	2 896	2 853
工作时间/s	76.8	74.7	65.5

"飞马座"火箭的相关数据如下：

起飞质量：18.8 t（标准型）/23.1 t（加长型）；起飞推力：498 kN（标准型）/726 kN（加长型）；长度 15.5 m（标准型）/16.9 m（加长型）；运载能力：200 km 极低轨道 272 kg（标准型）/332 kg（加长型），200 km 近地轨道 375 kg（标准型）/443 kg（加长型），太阳同步轨道（741 km）为 205 kg（加长型）。分离高度为 12 km，分离速度为 0.8Ma。

4.1.3 第二个时期的发展（2002—2016 年）

2002 年，美国空军"改进型一次性运载火箭（EELV）计划"支持的"宇宙神"5 系列和"德尔塔"4 系列火箭首飞，原有一次性运载火箭有序退出发射市场，美国运载火箭由此进入新的发展阶段。在 NASA 商业轨道运输计划支持下，美国私人公司研制了"猎鹰"系列、"安塔瑞斯"火箭。美国政府 2004—2010 年为重返月球研制了"战神"系列火箭，2011 年将计划调整为太空发射系统（Space Launch System）。20 世纪末，美、俄削减战略导弹，轨道科学公司以"和平卫士"等洲际导弹为基础，研制了"米诺陶"系列固体火箭。SpaceX 公司研制"猎鹰"1 小型液体火箭。

（一）"宇宙神"5 系列火箭

"宇宙神"5 系列运载火箭（见图 32）是在美国空军的"改进型一次性使用运载火箭（EELV）计划"支持下研制，由洛克希德·马丁公司通过模块化和标准化设计并生产，以实现降低火箭发射成本、提高火箭可靠性和可操作性的目标，满足政府和商业用户对中、重型有效载荷的发射需求。

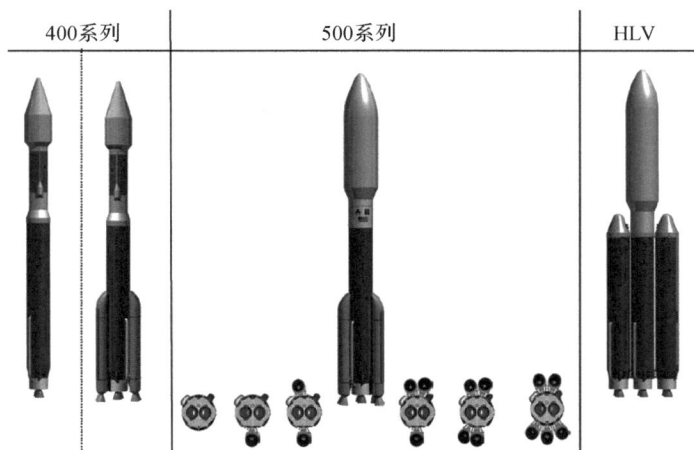

图 32　"宇宙神" 5 系列运载火箭

　　"宇宙神" 5 系列充分继承了原有技术基础，芯级发动机、"半人马座"上面级、卫星支架、有效载荷整流罩等都已通过飞行验证。在此基础上，通过改进使得"宇宙神" 5 系列火箭具有了更高的性能及可靠性和灵活性。

　　"宇宙神" 5 包括 400 系列和 500 系列，分别对应 4 m 和 5 m 整流罩直径，400 系列可以捆绑 0~3 个固体助推器，500 系列可以捆绑 0~5 个固体助推器。

　　"宇宙神" 5 系列包括 400 系列、500 系列以及重型运载火箭（HLV），能够满足各种中、重型有效载荷的发射需求。"宇宙神" 5 系列（其技术参数见表 4 - 7、表 4 - 8）采用模块化设计思想，主要通用模块包括：采用单台 RD - 180 液氧煤油发动机的通用芯级（CCB）、使用 1 台或 2 台 RL10A - 4 - 2 发动机的通用"半人马座"上面级、采用端羟基聚丁二烯推进剂的固体捆绑助推器（SRB）及有效载荷整流罩（PLF）。

　　（1）总体参数。

表 4 - 7　"宇宙神" 5 系列运载火箭技术参数

子级 参数	助推级	一级	二级	
发动机/台	1~5（固体助推）	1（RD - 180）	1（RL - 10A）	2（RL - 10A）
推力/kN	1 361	4 152	99.2	198.4
比冲/s	275	311	451	449

子级 参数	助推级	一级	二级	
工作时间/s	94	253	842	421
推进剂	端羟基聚丁二烯	液氧、煤油	液氢、液氧	液氢、液氧
LEO 运载能力/t	8.25 ~ 19.05			
GTO 运载能力/t	3.97 ~ 13			

表 4 – 8 "宇宙神" 541 运载火箭总体参数

级数		2	运载能力/kg	
全长/m		62.4	GTO：8 240 LEO：17 100	
起飞推力/kN		9 271		
起飞质量/t		526.6		
整流罩	直径/m	5		
	长度/m	26.5		
	重量/kg	4 394		
入轨精度		远地点高度：238 km		
		近地点高度：12 km		
		倾角偏差：0.025°		
—		助推器	一子级	二子级
直径/m		1.55	3.81	3.05
长度/m		19.5	32.46	12.68
结构质量/t		4×4.05	21.3	1.9
推进剂质量/t		4×42.5	284	20.83
发动机/台		—	1（RD – 180）	1（RL – 10A）
推进剂		端羟基聚丁二烯	液氧、煤油	液氢、液氧
推力/kN		4×1 361	3 827	99.2
比冲/(m·s^{-1})		2 697	3 053	4 418
工作时间/s		94	227	900

（2）动力系统。

一子级采用的 RD－180 液氧、煤油发动机，由美国普·惠（Pratt & Whitney，P&W）公司和俄罗斯动力机械科研生产联合体（NPO Energomash）的合资公司提供，采用两燃烧室设计，由 1 台涡轮泵供应推进剂，以富氧化剂分级燃烧循环工作。

二子级（通用"半人马座"级）的推进系统采用 1 台或 2 台 RL10A－4－2 氢氧发动机，由普·惠公司研制。发动机采用再生冷却，由涡轮泵输送燃料，其喷管有可延伸段。

通用固体助推器，直径为 1.55 m，长为 19.5 m，质量为 46.56 t，海平面推力为 1 361 kN，采用石墨/环氧壳体、碳/酚醛固定喷管和高性能 1.3 级端羟基聚丁二烯推进剂。喷管偏斜 3°并采用整体式设计（见图 33）。

图 33　"宇宙神"火箭总装

（二）"德尔塔"4 系列火箭

"德尔塔"4 系列火箭是 20 世纪 90 年代中期基于美国空军"改进型一次性运载火箭（EELV）发展计划"而开发的，并在研制中大量使用通用部件，经"德尔塔"2、"德尔塔"3 飞行验证的技术，有较高的设计可靠性和较好的技术继承性。大直径通用芯级（CBC 模块）安装了 RS－68 液氢、液氧发动机，为美国当时近 20 多年来生产的第一种新型低温发动机。二子级模块采用 RL10B－2 液氢、液氧发动机，并有 4 m 直径和 5 m 直径两种构型。助推器可采用 GEM－60 固体助推，还可捆绑通用芯级作为液体助推。通过模块化组合，实现不同的运载能力。

早期计划中的"德尔塔"4 中型（"德尔塔"4M）、"德尔塔"4 重型

（"德尔塔"4H），加上中型以上三种新研构型："德尔塔"4M＋（4，2）、"德尔塔"4M＋（5，2）、"德尔塔"4M＋（5，4）——数字前者代表整流罩的外直径，后者则代表小型固态火箭数量——五种构型组成了"德尔塔"4系列火箭（其总体参数见表4-9），成为目前美国军方进入空间的主力火箭。2002年11月22日"德尔塔"4M＋（4，2）（其总体参数见表4-10）首飞成功以来，截至2013年7月，该系列火箭共发射20次，失败1次。

表4-9　"德尔塔"4系列方案总体参数

型号	首飞时间	级数	起飞质量/t	起飞推力/kN	LEO运载能力/kg	GTO运载能力/kg	助推/台
4M	2003.3	2	256	2 891	9 106	4 231	无助推
4M＋（4，2）	2002.11	2	325	4 359	12 300	5 941	2（GEM-60）
4M＋（5，2）	2012.4	2	334	4 359	10 616	4 869	2（GEM-60）
4M＋（5，4）	2009.12	2	325	5 827	13 869	6 822	4（GEM-60）
4H	2004.12	2	731	8 673	21 892	12 757	2（通用芯级CBC）

表4-10　"德尔塔"4M＋（4，2）总体参数

级数		2	运载能力/kg
全长/m		62.8	
起飞推力/kN		4 359	
起飞质量/t		325	
整流罩	直径/m	4.07	GTO：5 941
	长度/m	11.75	
	重量/kg	—	
入轨精度		近地点偏差：5.6 km	
		远地点偏差：93 km	
		倾角偏差：0.04°	

续表

一	助推器	一子级	二子级
直径/m	1.52	5.08	4
长度/m	16.15	38	12.2
结构质量/kg	2×3.8	26.8	2.85
推进剂质量/t	2×29.95	199.64	21.32
发动机/台	2（GEM-60）	1（RS-68）	1（RL-10B）
推进剂	端羟基聚丁二烯	液氢、液氧	液氢、液氧
推力/kN	2×734	2891	110.1
比冲/（m·s^{-1}）	2383	3501	4530.7
工作时间/s	97	252	850

"德尔塔" 4 系列的通用芯级（CBC）长 38 m，直径 5 m，安装洛克达因公司研制的 RS-68 液氢、液氧发动机，基于"航天飞机"主发动机（SSME）的研制基础，采用涡轮泵和燃气发生器循环系统。液氧箱位于箱间段之上，液氢箱位于箱间段之下，液氧输送管路从液氧箱下底经箱间段伸到火箭外侧并沿箱间段、液氢贮箱外侧通向发动机。

一子级采用洛克达因公司研制的 RS-68 液氧、液氢发动机（见图 34）。发动机净重 6.6 t，海平面推力为 2 891 kN，海平面比冲为 3 501 m/s，节流范围 57%~102%。

图 34　RS-68 液氧、液氢发动机

二子级包括 4 m、5 m 直径 2 种构型,级长分别为 12.2 m、13.7 m。它们都是在"德尔塔"3 火箭二子级的基础上改进的,使用 RL10B - 2 液氢、液氧发动机(见图 35),采用膨胀循环方式,可多次启动。二子级在向地球同步转移轨道发射卫星时将点火两次。

图 35 "德尔塔" 4 的二子级与发动机

固体助推器采用 GEM - 60 发动机,推进剂为端羟基聚丁二烯,是在"德尔塔"3 的 GEM - 46 发动机基础上改进而来的,助推器长 16.15 m,直径 1.52 m。

(三)"安塔瑞斯"火箭

"安塔瑞斯"火箭(其总体参数见表 4 - 11)是由轨道科学公司抓总研制,美国、俄罗斯等国共同参与研发的中型运载火箭。火箭一子级采用两台 AJ - 26 - 62 液氧、煤油发动机(苏联 NK - 33 发动机),二子级采用 ATK 公司研制的 Castor30 固体发动机,具有低成本、高可靠性的特点。该型火箭将被用于执行"天鹅座"货运飞船的发射任务(Cygnus mission),为国际居住运送物资。2013 年 4 月 21 日在瓦罗普斯岛航天飞行中心(Wallops Island)成功首飞。

表 4 - 11 "安塔瑞斯" 火箭总体参数

级数	2	运载能力/kg
全长/m	40.5	
起飞推力/kN	3 259	LEO:4 600(200 km)
起飞质量/t	276	SSO:1 500(700 km)
整流罩直径/m	3.9	
—	一子级	二子级
直径/m	3.9	2.34
长度/m	27.6	3.5

续表

—	一子级	二子级
结构质量/t	18.8	1.224
推进剂质量/t	242.4	12.834
发动机/台	2（AJ－26）	1（Castor 30A）
推进剂	液氧、煤油	端羟基聚丁二烯
推力/kN	3 259	292
比冲/（m·s^{-1}）	2 910	2 873
工作时间/s	235	155

（四）太空发射系统

2011 年 9 月，NASA 公布最新的大推力运载方案，SLS 分为初始版和升级版（其参数见表 4 － 12）。初始版捆绑 2 个 5 段式固体助推器，芯级直径 8.4 m，芯一级采用 4 台 RS － 25D/E 发动机，上面级采用 1 台 J － 2X 发动机，近地轨道运载能力 70 t。升级版使用固体或液体助推器，芯一级使用 5 台 RS － 25D 主发动机，芯二级采用 1 台 J － 2X 发动机，LEO 运载能力 130 t（见图 36）。

表 4 – 12 SLS 运载火箭参数

项目		"战神" 5	SLS 初始构型	SLS 最终构型
全箭	级数	两级半	两级半	两级半
	起飞质量/t	3 705	2 495	2 948
	起飞推力/kN	52 454	37 365	40 924
	起飞推重比	1.44	1.53	1.42
	高度/m	110	97.5	122
	LEO 运载能力/t	160	70	130
	LTO 运载能力/t	63	—	—
助推器	直径	3.7	3.7	3.7
	推进剂	固体	固体	固体
	助推器个数	2	2	2
	发动机型号	5 段式航天飞机助推器		

项目		"战神" V	SLS 初始构型	SLS 最终构型
芯一级	直径/m	10.06	8.38	8.38
	推进剂	液氢、液氧	液氢、液氧	液氢、液氧
	发动机型号	RS – 68	RS – 25D	RS – 25E
	发动机数量/台	6	4	5
	单台推力/kN	3 122	1 779	1 779
芯二级	直径/m	10.06	5	8.38
	推进剂	液氢、液氧	液氢、液氧	液氢、液氧
	发动机型号	J – 2X	RL10B – 2	J – 2X
	发动机数量/台	1	4	1

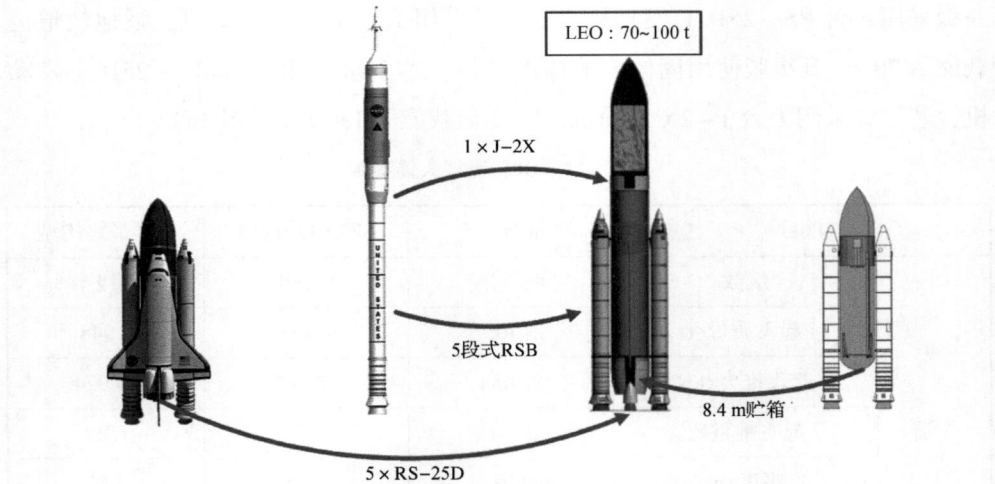

图 36　基于已有模块和技术的大推力火箭方案

（五）"米诺陶"系列运载火箭

"米诺陶"（Minotaur）系列运载火箭是轨道科学公司基于洲际弹道导弹研制的小型固体运载火箭（见图 37）。该系列已经发展了"米诺陶" 1 ~ 5 五种型号，其中"米诺陶" 1、"米诺陶" 4（其总体参数见表 4 – 13）和"米诺陶" 5 属于运载火箭，"米诺陶" 1、"米诺陶" 4 在役，"米诺陶" 5 在研。"米诺陶" 1 和 2

由民兵导弹（Minuteman）改进而来，"米诺陶"3、4 和 5 则以"和平卫士"（Peacekeeper）导弹为基础。

图 37 "米诺陶"4 运载火箭

表 4 – 13 "米诺陶"4 运载火箭总体参数

级数	4	运载能力/kg	LEO：1 735 SSO：1 107		
全长/m	22.38				
起飞推力/kN	2 050.6				
起飞质量/t	87.70				
整流罩直径/m	2.34				
—	一子级	二子级	三子级	四子级	
长度/m	8.53	5.47	2.44	1.76	
直径/m	2.34	2.34	2.34	2.34	
结构质量/t	3.63	3.18	0.63	0.41	
推进剂质量/t	45.36	24.49	7.08	0.77	
发动机/台	1（SR – 118）	1（SR – 119）	1（SR – 120）	1（Orion 38）	
推进剂	端羟基聚丁二烯	端羟基聚丁二烯	硝酸酯增塑聚醚	端羟基聚丁二烯	
推力/kN	2 050.6	1 223.3	298.1	31.7	
比冲/(m·s⁻¹)	2 550	3 030	2 942	2 816	
工作时间/s	56.4	60.7	72	68.5	

"米诺陶"4 火箭是四级固体运载火箭，一、二、三子级使用"和平卫士"导弹技术，四子级采用"飞马座"的三子级。"米诺陶"4 于 2010 年 4 月首飞，截至 2013 年 7 月，共计发射 5 次，全部成功。

4.1.4　第三个时期的发展（2017 年至今）

2017 年以来，美国运载火箭（见图 38）发展进入第三个时期，标志性事件是"猎鹰"9 火箭 2017 年实现首次重复使用。

"电子"号火箭 2018 年首飞成功，2022 年 6 月执行第 26 次发射。Astra 公司的 Rocket 系列火箭的 7 次发射中有两次成功。

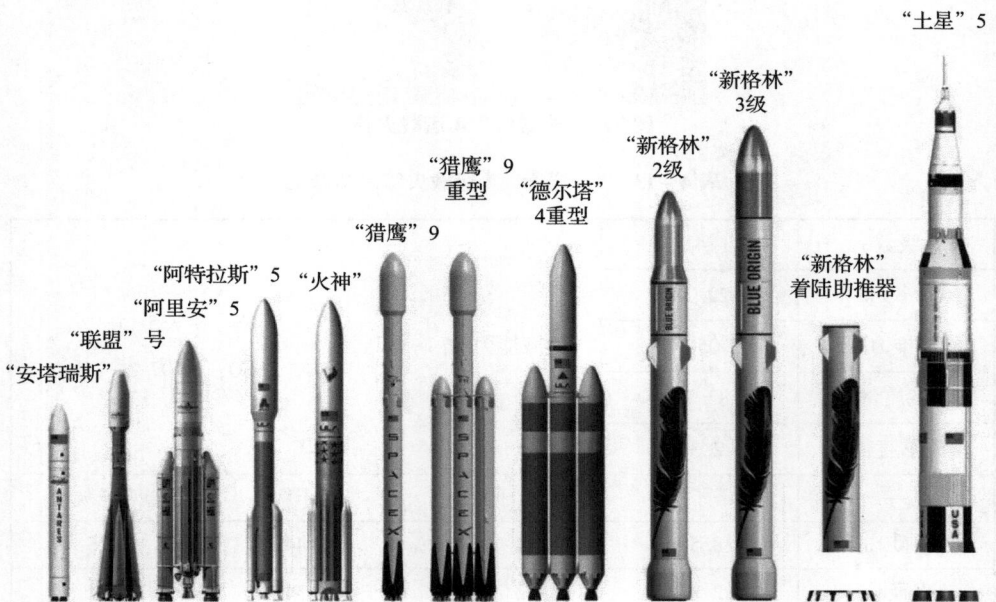

图 38　美国运载火箭

蓝色起源公司的"新格林"火箭、ULA 的"火神"系列火箭计划于 2022—2023 年首飞，火箭实验室的"中子"号预计 2024 年首飞。"星舰"B7 + SN24 计划于 2022 年首飞。

美国运载火箭已经由政府主导转为政府采购发射服务，私人商业公司与传统航天巨头并行提供发射服务，且私人商业公司的优势在不断增大。

(一)"猎鹰"系列火箭

SpaceX 的发展可以分为三个时期:(1)龙潜于渊(2002—2009年):从无到有,历经三次失利终于首飞成功,获得 NASA 的 CRS-1 合同(16亿美元),成为市值突破 10 亿美元的私人航天技术商业公司;(2)龙兴于野(2010—2017年):"猎鹰"9 系列火箭和"龙"飞船在 2012 年实现首次私人商业公司为空间站补给,2013 年 SpaceX 首次发射地球同步轨道商业卫星,2015 年实现一子级模块陆上回收,2017 年实现一子级模块首次重复使用,2015 年企业市场估值超过百亿美元;(3)龙飞九天(2018年至今):"猎鹰"重型 2018 年首飞成功,为目前在役运载火箭最大能力(LEO 63.8 t),2020 年首次载人飞行,2021 年 SN15 成功完成 10 km 级飞行演示验证,2020 年后企业估值超过千亿美元(见图 39、图 40)。

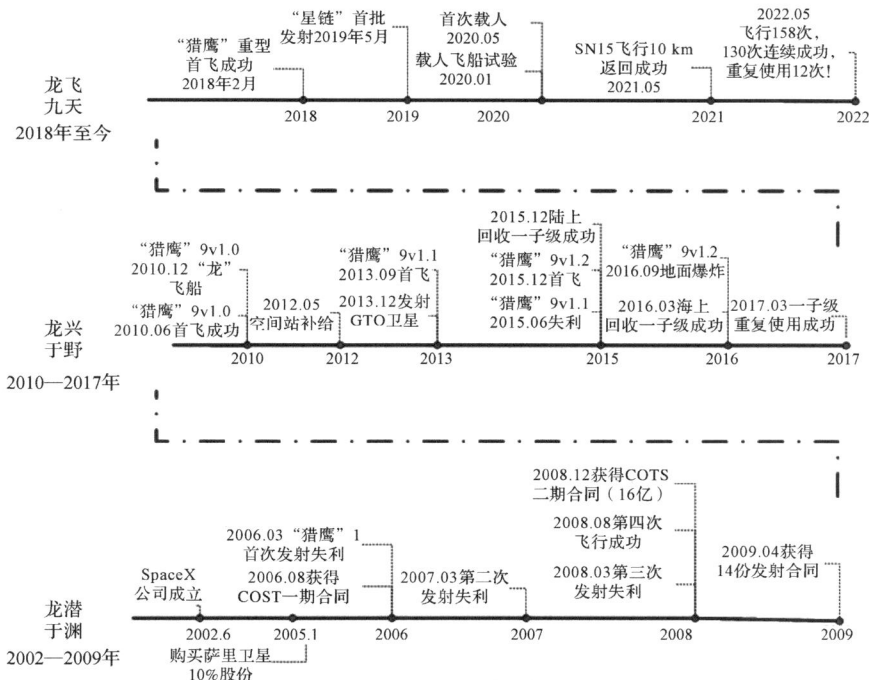

图 39 SpaceX 公司发展历程

截至 2022 年 5 月 20 日,"猎鹰"9 系列火箭(见表 4-14)完成 158 次发射,成功率高达 98.2%,连续成功 130 次;"星链"已发射 45 批,卫星数目达到 2 600 颗;空间站补给"龙"飞船执行 24 次任务,载人"龙"飞船执行 4 次发射任务。

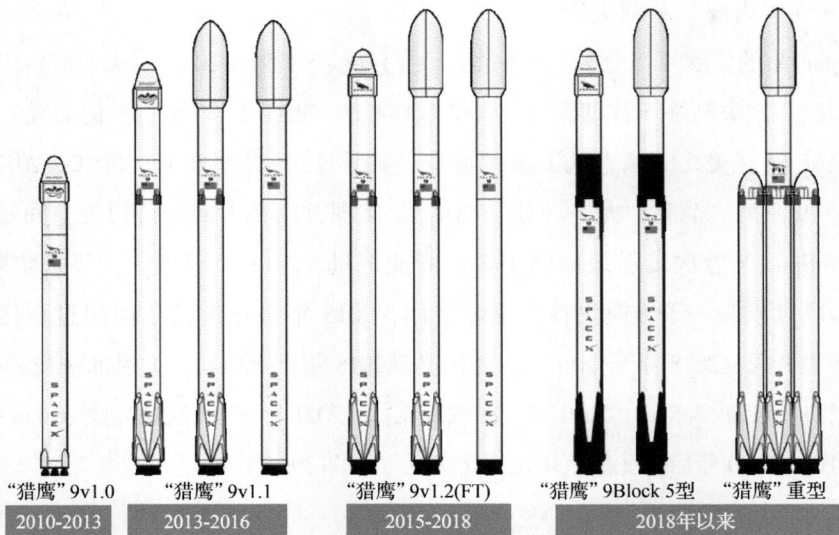

"猎鹰"9v1.0 | "猎鹰"9v1.1 | "猎鹰"9v1.2(FT) | "猎鹰"9Block 5型 | "猎鹰"重型

| 2010-2013 | 2013-2016 | 2015-2018 | 2018年以来 |

图40　SpaceX公司系列产品图谱

表4-14　"猎鹰"9火箭演进改进

参数		"猎鹰"9 v1.0	"猎鹰"9 v1.1	"猎鹰"9 FT	新一代"猎鹰"9
箭体直径/m		3.66	3.66	3.66	3.66
全箭高度/m		54.3	69.2	70	—
起飞重量/t		333.4	480	541	646
起飞推力/kN		5 000	5 885	6 804	7 600
运载能力/kg	LEO	10 454	13 150	≈18 000	22 800（官方）
	GTO	3 500	4 850	6 400	8 300（官方）
工作时间/s		169	183	180	180
可否多次启动		不可多次启动	可多次启动	可多次启动	可多次启动
可否回收		不可回收	可回收	可回收	可回收
一子级	发动机 数量/台	9（Merlin-1C）	9（Merlin-1D）	9（Merlin-1D）	9（Merlin-1D+）
	发动机布置	方形阵列	圆形阵列	圆形阵列	圆形阵列
	单台海平面推力/kN	556	654	756	845
	真空推力/kN	—	716 kN（单台）	825 kN（单台）	914

续表

参数		"猎鹰" 9 v1.0	"猎鹰" 9 v1.1	"猎鹰" 9 FT	新一代 "猎鹰" 9
二子级	工作时间/s	354	357	375	397
	可否多次启动	可 2 次启动	可多次启动	可多次启动	可多次启动
	可否回收	不可回收	不可回收	不可回收	不可回收
发动机	数量/台	1（1C Vac）	1（1D Vac）	1（1D Vac）	1（1D Vac）
	真空推力/kN	445	801	935	1 043

"蚱蜢" 火箭：SpaceX 用于验证火箭垂直起降技术的验证机，是 "猎鹰" 9 火箭实现可重复使用的技术基础。

"猎鹰" 1 火箭：SpaceX 公司的小型运载火箭，可将 600 kg 载荷送入低地球轨道。经过三次失败后，于 2008 年 9 月完成首飞，使得 SpaceX 成为全球首个成功发射液体运载火箭的民营企业。现在 "猎鹰" 1 火箭已经退役。

"猎鹰" 9 火箭：SpaceX 目前现役的大型火箭，能够完成火箭部分可重复使用，于 2015 年和 2016 年实现陆地和海面上火箭第一级回收，创造人类可重复使用火箭技术的历史，并于 2017 年成功发射回收后的 "二手火箭" 且再次实现回收。

"猎鹰" 重型火箭：于 2018 年 2 月 6 日首飞成功，能够将 63 800 kg 和 26 700 kg 载荷分别送入 LEO 和 GTO 轨道，是未来重型运载火箭市场的主力军。

"龙" 系列飞船：SpaceX 自主研制的轨道飞行器，搭载 "猎鹰" 系列火箭升入轨道，完成空间货物或人员运输服务。2010 年 SpaceX 实现首次民营企业发射和回收航天飞船，2012 年实现首次民营企业向国际太空站发射商业飞船。

"猎鹰" 重型运载火箭由马斯克自 2006 年提出，运载能力从 24.75 t 增加到 63.8 t，性能提升 157.8%，运载能力持续增加源于 SpaceX 对 "猎鹰" 9 火箭产品的快速迭代和新技术的快速应用（见图 41）。重型 "猎鹰" 火箭将三个芯级直接捆绑，发射重量达到惊人的 1 400 t。

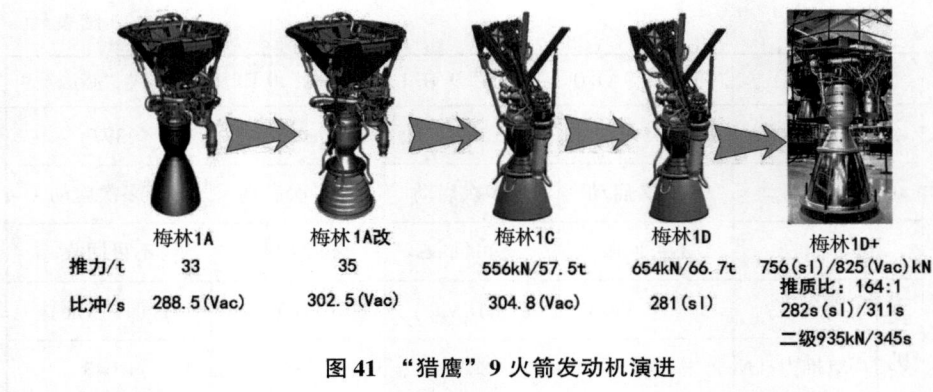

	梅林1A	梅林1A改	梅林1C	梅林1D	梅林1D+
推力/t	33	35	556kN/57.5t	654kN/66.7t	756(sl)/825(Vac)kN 推质比：164:1
比冲/s	288.5(Vac)	302.5(Vac)	304.8(Vac)	281(sl)	282s(sl)/311s 二级935kN/345s

图 41 "猎鹰" 9 火箭发动机演进

（二）"新格林"系列火箭

蓝色起源公司由美国电商巨头亚马逊公司创始人杰夫·贝索斯创立，该公司计划在 2021 年利用大推力运载火箭"新格林"（见图 42）发射地球同步轨道卫星。火箭从发射场起飞，把载荷送入轨道后，火箭第一级将垂直降落在海上一艘无人回收船上。

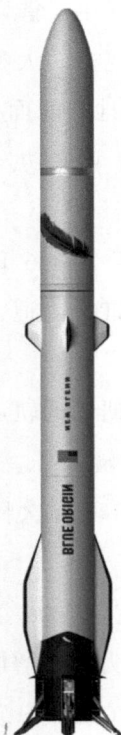

图 42 "新格林" 运载火箭示意图

"新格林"火箭一子级安装 7 台 BE - 4 液氧、甲烷发动机，二子级安装两台 BE - 3U 发动机（见图 43），起飞推力 1 750 t，LEO 运载能力 45 t，GSO 运载能力 13 t。

图 43　蓝色起源公司发动机外形图

（三）"火神"系列火箭

ULA 自 2006 年成立以来，承担了美国政府 70% 以上的发射任务，在不到 9 年的时间里将 90 多颗卫星送入太空。

近年来，ULA 公司受到来自商业竞争和地缘政治局势变化的双重压力。在商业竞争方面，SpaceX 公司着力推销价格相对较低的"猎鹰"9 火箭，加快该火箭通过美国空军发射任务资格认证的步伐，积极争取美国国家安全发射任务；在政治局势方面，国会要求 ULA 公司在 2019 年前用美国国产发动机（见图 44）替代"宇宙神"5 火箭上的俄制 RD - 180 发动机。

BE-4液氧、甲烷发动机

图 44　BE - 4 液氧、甲烷发动机

"火神"火箭（见图 45）的初始构型为两级结构，芯级直径 5 m，二子级采用"半人马座"上面级，可选用直径 5 m 或 4 m 的有效载荷整流罩，GTO 运载

能力约 11 t。"火神"火箭采用 4 m 直径整流罩时最多可捆绑 4 枚固体助推器,采用 5 m 直径整流罩时最多可捆绑 6 枚固体助推器。在年发射 10~20 次的条件下,单发"火神"初始构型火箭的起步价预计为 1 亿美元。

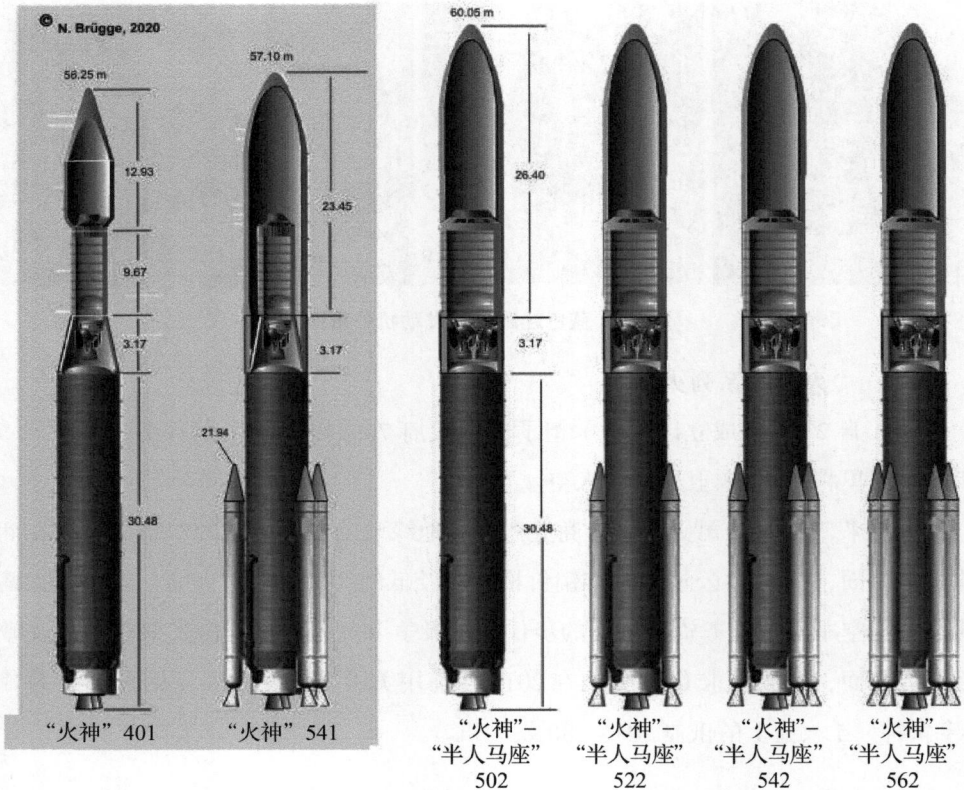

图 45　"火神"系列火箭型谱图

(四)"电子"号火箭

美国—新西兰初创公司火箭实验室 2017 年发射了"电子"号小型火箭。"电子"号火箭以"全球小运载之首"的角色快速发展,进而改变了小卫星发射格局。"电子"号火箭是一枚两级构型的小型运载火箭,创新地采用了电机驱动涡轮泵作为发动机副系统的动力源。"电子"号火箭瞄准商业小卫星发射市场而研制,火箭总长约 17 m,直径 1.2 m,起飞重量约 12.55 t,500 km GSO 有效载荷约 150 kg。

"电子"号火箭采用碳纤维壳体、"卢瑟福"（Rutherford）发动机（3D打印/电动泵）、锂电池+电动机燃料泵等新技术，迅速提高了发射频率。

为节约研制生产成本，"电子"号火箭借鉴了"猎鹰"9运载火箭的研制思路，一、二子级采用同一型号的发动机提供动力。其中，一子级采用9台"卢瑟福"发动机提供推力，二子级采用1台"卢瑟福"真空发动机（喷管经过改进和加长），两级均采用液氧和煤油作为推进剂。

一子级9台发动机的布置，与SpaceX的"猎鹰"9火箭基本一致。

"电子"号火箭的一子级长约12.1 m，直径1.2 m，起飞重量约10.2 t，包括约950 kg的惰性质量和约9 250 kg推进剂质量；其中惰性质量主要包括复材结构的贮箱、舱段以及9台"卢瑟福"发动机及其电池模组组成的一子级推进模块。

一子级推进模块能够产生162 kN的海平面推力，工作时间约152 s，海平面比冲303 s。一子级推进模块的电池模组安装在一子级尾段靠近发动机的位置，由13个聚合物锂电池包组成，总共能够产生超过1 MW的电功率。一子级采用氦增压开式循环，级间分离也与"猎鹰"9火箭相似，采用了气动分离装置。

"电子"号火箭的二子级长约2.4 m，直径1.2 m，起飞重量约2.4 t，包括约250 kg的惰性质量和约2 150 kg推进剂质量；其中惰性质量主要包括复材结构的贮箱、舱段、1台"卢瑟福"真空发动机及其电池模组组成的二子级推进模块。

二子级推进模块能够产生22 kN的真空推力，工作时间约310 s，真空比冲333 s。二子级推进模块的电池模组由3个聚合物锂电池包组成，其中2个电池包将在二子级飞行过程中被抛离以减轻死重，剩下1个电池包随着二子级入轨并最终再入大气层。二子级单台发动机无法实现滚控，滚控要通过冷气反应控制系统进行。同时，二子级的末段姿态控制也同样通过冷气系统完成。

"电子"号火箭的航电系统、箭载计算机系统均位于二子级，其航电系统主要基于FPGA定制开发，均由火箭实验室公司自行设计研制，能够在保持火箭机械系统最大通用化的前提下实现电控系统的功能定制化。

"电子"号火箭的整流罩高2.4 m，直径1.2 m，主要由复合材料构成，重量仅 50 kg，半罩 25 kg，可以由一个人轻松抬起。整流罩在火箭二级飞行段采用气动方式分离。电子号火箭支持"即插式"有效载荷对接的模式，即把整流罩和支承舱交给用户，由用户自行完成有效载荷在支承舱的对接安装和整流罩合罩，然后将星罩组合体一起交给"电子"火箭实验室公司与"电子"号火箭进行对接、发射。按照火箭"电子"实验室公司的说法，该"即插式"对接流程有助于用户信息的保密，特别适用于美国政府军事载荷的发射需求。

（五）Astra Space 公司 Rocket 系列火箭

Astra Space 公司（阿斯特拉太空公司）成立于 2016 年，用了大约五年时间实现了火箭入轨，该公司的发展历程如下：

2016 年 10 月，Astra Space 公司在特拉华州成立，创始人为克里斯·坎普和亚当·伦敦，其目标是实现每天进入太空。

2018 年 7 月、11 月，Rocket 1.1、Rocket 2.0 分别在阿拉斯加州的科迪亚克（Kodiak）发射。

2020 年 2 月，Astra Space 公司计划发射第一枚进入轨道的火箭（Rocket 3.0 火箭），此次发射由美国军方的 DARPA 赞助，目的是展示快速响应发射能力，然而，在后续的一次燃料加注排练中，火箭因发生事故而毁坏。

2020 年 9 月 11 日，Astra Space 公司采用 Rocket 3.1 火箭尝试了第二次轨道发射，由于制导系统出现问题，导致火箭偏离轨道。在起飞 30 s 后，发动机被命令关闭，最终这枚火箭在科迪亚克岛太空港坠毁。

2020 年 12 月 15 日，Astra Space 公司的 Rocket 3.2 火箭末级发动机在预定关闭时间的前几秒关闭，使火箭的轨道速度略低于轨道速度而导致卫星重新进入大气层并烧毁。

2021 年 8 月 28 日，Astra Space 公司发射了 Rocket 3.3 火箭，编号 LV0006。火箭的一个液氧、煤油主发动机爆炸关机，损失了 1/5 的推力，导致火箭在发射台上方短暂摇晃，剩下的 4 个发动机慢慢将火箭推向空中，并发生横移。由于只有 4 个发动机正常工作，火箭的制导、导航和控制系统尝试修正航向，并试图弥补推力的不足。在飞行大约两分半钟后，火箭到达超音速后失稳并启动了自毁程序。

在历经 4 次入轨发射失败后，Astra Space 公司于美国东部时间 2021 年 11 月

20 日 1 时 16 分（北京时间 14 时 16 分），采用自研的 Rocket 3.3 在科迪亚克岛阿拉斯加太平洋航天港进行了第 5 次入轨试射，终于成功为美国太空军发射了一枚非分离有效载荷（与上面级一体）。由此，Astra Space 加入了 SpaceX、火箭实验室和维珍轨道（Virgin Orbit）的行列，成为又一个具备轨道运输能力的美国私营公司。

Rocket 3.X 火箭长 11.6 m，直径 1.32 m，设计 SSO 运载能力为25 kg，低轨运载能力（GEO）为 100 kg。该型火箭采用液氧和煤油推进剂，一子级采用 5 台由电泵驱动的"海豚"（Dolphin）发动机，总推力约 140 kN；二子级采用单台"以太"（Aether）发动机，真空推力约 3.1 kN。火箭被设计成能装入标准货运集装箱，仅需要 5 人在发射场用不到 1 周时间完成发射有关操作，初始条件为 4 个集装箱和 1 个水泥平台。本次飞行的升级版 Rocket 3.3 加长到了 13 m。

为了达到低成本目标，Astra Rocket 3.X 火箭采用极度简化的测发设备，发射场仅用半年时间建好，其全部设备可以打包装进 4 个集装箱运输，现场操作只需 5 人。

Astra Space 公司实现低成本的 4 种途径如下：

（1）以成熟可靠技术促规模效应。

Astra Space 大多使用最成熟、最简单的技术和方法。目前单枚 Astra 火箭的成本价格低至 200 万美元，以载荷 100 kg 计算，每千克售价为 2 万美元。Astra Space 公司不仅在制造环节控制支出，并且试图通过增加产能、依靠规模效应来进一步摊薄成本。目前每 2 个月生产一枚火箭，计划到 2025 年，在综合考虑工厂产能和发射场周转约束的前提下，实现每天发射一枚火箭的目标。

（2）高效利用运载能力比回收更经济。

Astra Space 公司选择"反马斯克"路线，即不进行回收复用。Astra Space 公司小型火箭的运载能力虽然只有几百千克，但有可能把运力全部销售出去，充分利用运载能力挣钱可能比重复使用更省钱。

（3）以轻量化发射场要求促高密度发射。

Astra 火箭的另一大特点是高密度发射，由于美国本土东西海岸都直接面向广阔无垠的大洋，所以无论是向东飞行的低轨/地球同步轨道卫星，还是向西南/西北飞行的太阳同步轨道卫星，都能轻易找到合适场址实施发射而不必太担心落区影响。

（4）快速迭代研发抢占发射服务赛道。

Astra Space 公司的技术迭代速度快，仅融资 1 亿美元就拥有了轨道发射能力，其到达轨道发射能力的时间也明显短于其他公司，比 SpaceX 要快三年，比火箭实验室快 8 年。

（六）维珍轨道公司的"运载器一号"火箭

维珍轨道公司 2017 年 3 月从以载人亚轨道飞行为主业的维珍银河公司剥离出来，希望利用其空射系统在日益增长的小卫星发射市场上占得一席之地。然而，该市场已然存在激烈的竞争，如火箭实验室公司已在利用其"电子"号小运载火箭提供专享发射服务，而 SpaceX 则在推动用其运力强大的"猎鹰"9 火箭开展小卫星搭载和拼单发射服务。鉴于此种情况，维珍公司只得寻求与"电子"号和"猎鹰"9 不同的产品，于是更具灵活性、机动性和快速反应能力的空射系统应运而生。

"运载器一号"是一个两级的空射火箭，与"飞马座"运载火箭（Pegasus）类似，但与其不同的是，"运载器一号"的两级并非使用固体燃料，而都使用液氧和煤油等液体燃料作为推进剂，且将从一架经过特殊改造的波音 747 - 400 上进行发射。

"运载器一号"一子级直径 1.6 m，二子级直径 1.3 m，全长 21.3 m，总重量约 30 t。一子级采用 1 台"牛顿"3 火箭发动机，二级采用 1 台真空优化版"牛顿"4 火箭发动机。GEO 运载能力为 500 kg，500 km SSO 运载能力为 300 kg，发射价格约为 1 200 万美元。

空射方案可以有效提升火箭的运载能力，与国内同等级的路基火箭相比，如"双曲线"1 号 550 km SSO 运载能力为 260 kg，"快舟"1A 火箭 500 km SSO 运载能力为 250 kg，维珍轨道公司的空射方案能提升约 15%~20% 的运载能力。

4.1.5　美国火箭发展总结

（一）美国运载火箭三个时期的发展动因

（1）政治竞争，追求规模。

第一个时期：1958—2001 年，突破有无，增大规模。首先基于战略导弹构建进入空间的能力，而后利用空间轨道无国界、宽视场、高频覆盖等优势创造各类新需求，新需求与运载火箭运载能力相互促进，推动运载火箭通过捆绑助推、改进动力、增加子级等方式增加规模，提升运载能力（0.1 t→4 t→10 t→20 t→100 t）。

第一个时期的运载火箭继承了弹道导弹研制保障体系，如"德尔塔"系列运载火箭选择 ϕ2.44 m 模块，"宇宙神""大力神"系列运载火箭选择 ϕ3.05 m 模块，通过捆绑固体助推器将 LEO 运载能力提升到 10 t、20 t 级。在载人登月工程支持下，美国新建 ϕ10 m 级模块、700 t 级发动机保障体系，研制 GEO 120 t 级重型运载火箭。

（2）精简构型，追求效率。

第二个时期：2002—2016 年，精简构型，提升效率。为应对原有运载火箭可靠性偏低、发射周期过长等方面的不足，美国启动"改进型一次性运载火箭（EELV）计划"，研制高能基础模块（ ϕ3.81 m/ ϕ5.08 m），通过捆绑固体助推/通用芯级的模式构建构型精简、使用效率高的运载火箭型谱。单芯级火箭覆盖 50% 以上的任务需求，通用芯级捆绑火箭满足大型载荷的发射需求。

美国"宇宙神"5 系列火箭共有 19 个构型，运载能力 LEO 为 9.05~19.05 t，仅有三类模块（ ϕ3.81 m 液氧、煤油基础模块、 ϕ3.05 m 液氢、液氧上面级模块、固体助推模块）。截至 2022 年 8 月 22 日，"宇宙神"5 系列火箭共发射 95 次，其中单芯级构型发射 47 次。

（3）重复使用，追求效益。

第三个时期：2017 年至今，重复使用，创新体系，追求发射效益。为解决 EELV 运载火箭发射效率高、但费用昂贵的问题，NASA 通过轨道商业运输计划来支持私人公司提供发射服务。

SpaceX 研制了"猎鹰"9 系列火箭、"龙"飞船（载人/货运）、"星链"卫星，以融合创新模式实现一箭六十星发射，火箭一子级回收后再次使用周期缩短到 30 天内。2017 年，"猎鹰"9 v1.2 运载火箭一子级首次成功重复使用。截至 2022 年 8 月 24 日，"猎鹰"9 系列火箭共计发射 174 次，其中第 113 次重复使用一子级，单芯级火箭执行发射 171 次，占比 98.3%。

（二）美国运载火箭三个时期的发展启示

（1）1958—2001 年——政府主导研制。

①追求目标：任务主导、高可靠。

②装备型谱：小、中、大、重火箭能力系列齐全，固液组合构型；多种发射方式并存。

③发展策略：政府主导研制，各公司根据政府需求快速研制运载火箭。

④技术路线：载人专项任务研制重型"土星"系列火箭，其他火箭继承已有研制保障体系（发动机 RS – 27/MA – 5A，箭体直径 3.05 m、2.44 m）。

（2）2002—2016 年——政府采购发射服务模式。

①追求目标：高可靠、高任务适应性、高市场竞争力。

②装备型谱：小、中、大火箭能力系列齐全，固液组合构型；多种发射方式并存。

③发展策略：各公司根据政府需求快速研制运载火箭。

④技术路线：基于新发动机与新箭体直径构建模块精简、构型简单、性能卓越、任务覆盖全面的运载火箭型谱。发动机选择 RS – 68、RD – 180，源于 RS – 25D 发动机简化和一次性使用，RD – 180 发动机从俄罗斯引进。基本型箭体直径选择 $\phi 3.81/5.08$ m

（3）2017 至今——政府采购与私人公司投资相结合。

①追求目标：高可靠、高任务适应性、低成本、可重复使用。

②装备型谱：型谱进一步简化，一个系列火箭只有 2~3 个型号用以实现中、大型任务覆盖，引入商业公司的小火箭支持小卫星发射服务。

③发展策略：政府采购发射服务，并采取里程碑节点方式提供一部分经费；企业根据自身认知、定位开展运载火箭研制，发展适合于自己的运载火箭保障体系，并向政府租赁基础保障设施，引入市场配套电气及原材料的保障体系。

④技术路线：研制新箭体 $\phi 3.66/7.0/9.0$ m、新发动机，实现发动机、箭体、总体、控制的集成优化匹配。子级回收：由一次性走向回收再利用（回收一子级、整流罩等）；覆盖 LEO 运载能力：9.1~63.8 t，GTO 运载能力：4.2~26.7 t。

三个时期主力运载火箭运载能力向近地轨道 10 t 级和 20 t 级两个吨位集中（见图 46）。

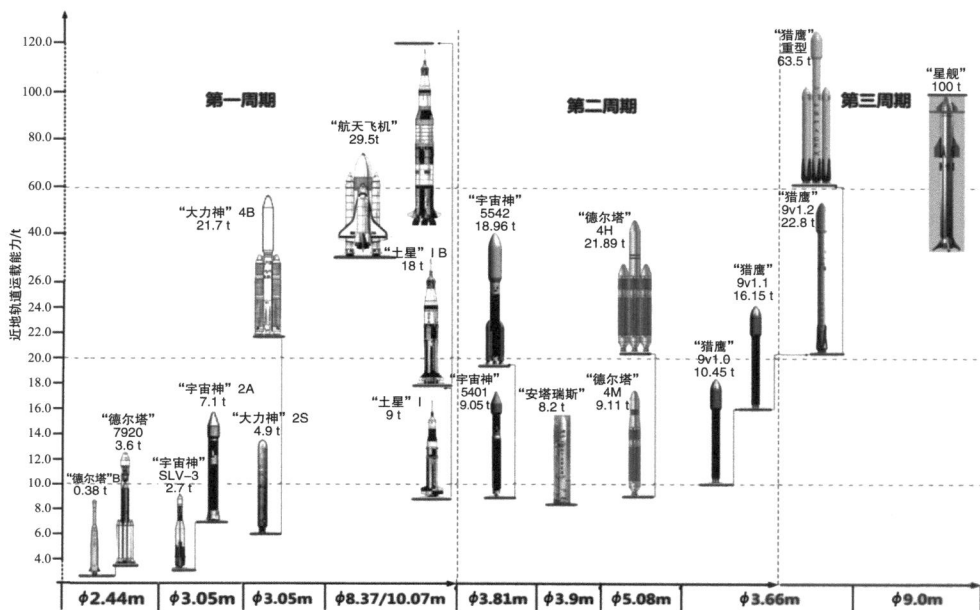

图46 三个时期的美国运载火箭的运载能力与模块分布

■ 4.2 苏联/俄罗斯

4.2.1 苏联/俄罗斯运载火箭发展历程

苏联/俄罗斯基本建立了小、中、大运载火箭系列，最大运载能力与美国"宇宙神"5、"德尔塔"4火箭相当。通过持续改进现役运载火箭来满足发射需求，对"质子""联盟"等型号不断改进以提升性能，其服役周期超过40年（见图47）。

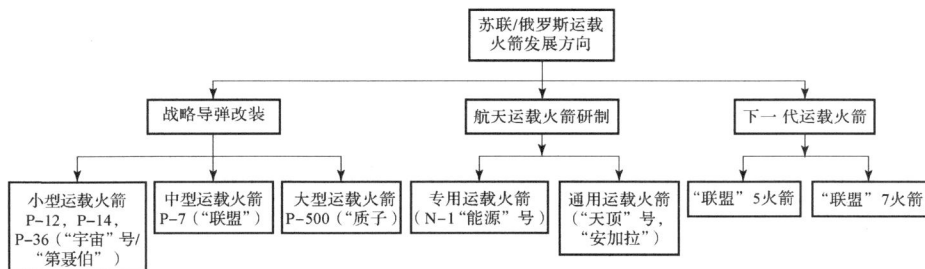

图47 苏联/俄罗斯运载火箭发展方向

自 1957 年"卫星"号发射世界上第一个卫星以来，苏联/俄罗斯在战略导弹基础上先后研制了"卫星"号、"东方"号、"联盟"号、"旋风"号、"质子"号等运载火箭；以任务通用模式先后研制了"天顶"号、"安加拉"系列火箭；提出了"联盟"5、"联盟"7 等新型运载火箭的构想。苏联/俄罗斯运载火箭发展大致可分为两个时期。

（一）第一个时期（1957—2013 年）：突破有无，能力变大

苏联/俄罗斯第一个时期的运载火箭发展分为两个阶段。第一阶段是 1957—1991 年，此阶段苏联运载火箭创立了第一次卫星发射、第一次载人航天、第一次交会对接等多项世界第一的纪录。基于 R-5、R-7 弹道导弹发展了"卫星"号、"东方"号、"联盟"号运载火箭（实质是一个系列火箭）；以计划中的 P-500 大型导弹为基础，后续专门发展了大型"质子"系列运载火箭；基于 P36 洲际弹道导弹发展了"旋风"号系列火箭。

针对载人登月任务研制了 N-1 火箭，四次发射都失利；针对重复使用任务发展了"能源"号火箭，以"能源"号的助推模块发展了"天顶"号火箭等。

第二阶段为 1992—2013 年。1991 年苏联解体后，俄罗斯面临严重的经济困难，运载火箭发展缓慢。为摆脱困境，俄罗斯积极开展国际商业合作，如通过国际商业发射服务公司为"质子"号承接国际商业发射，通过斯达西姆公司承接"联盟"火箭发射业务，将消减的战略导弹改装成"起跑"号、"隆声"号、"第聂伯"号、"波浪"号等投入商业发射。

（二）第二个时期（2014 年至今）：三化设计、效能提升

1994 年，俄罗斯赫鲁尼切夫国家航天科研生产中心开始研制"安加拉"系列运载火箭，几经周折，2014 年，"安加拉"A1.2、"安加拉"A5 火箭首飞。然而，受制于俄罗斯航天保障能力不足，至 2022 年 6 月，"安加拉"A5 火箭仅发射 3 次（1 次失利），未能支撑起俄罗斯航天任务的发射需求。

为进一步提升航天发射市场竞争力，俄罗斯提出发展"联盟"5 火箭（"天顶"号火箭升级版）、"联盟"7 火箭（即"阿穆尔"，类似于"猎鹰"9 号火箭，可垂直起降并重复使用）（见图 48、图 49）。

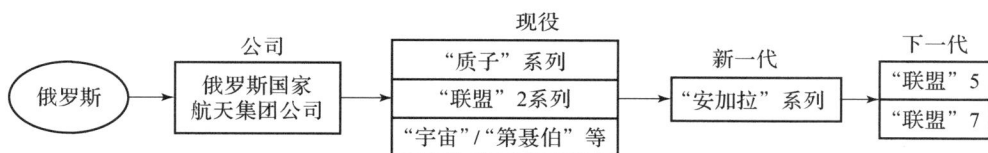

图 48　苏联/俄罗斯运载火箭代际关系

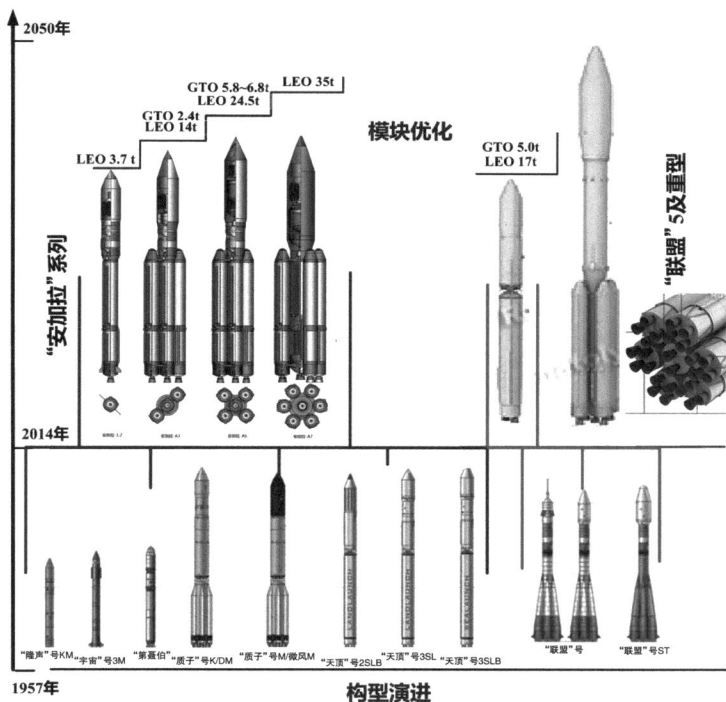

图 49　苏联/俄罗斯运载火箭演进

4.2.2　第一个时期的发展（1957—2013）

1957—2013 年，苏联/俄罗斯主要运载火箭为："联盟"系列、"天顶"系列；大型运载火箭为："质子"系列；重型火箭：N–1 和"能源"号（见图 50）。

其中，"宇宙"号（Kosmos）、"旋风"号（Cyclone）在 20 世纪 60 年代由战略导弹改进而来，主要用于发射近地轨道中、小载荷。"第聂伯"号（Dnper）、"隆声"号（Rockot）、"起跑"号（Start）等在 20 世纪 90 年代削减战略导弹时，由战略导弹改为运载火箭（见图 51）进入商业发射市场。

图 50　苏联/俄罗斯第一个时期主要运载火箭

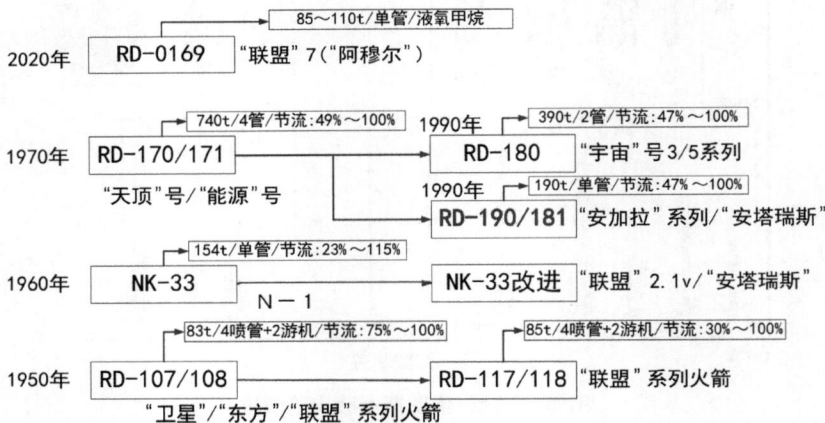

图 51　苏联/俄罗斯运载火箭发动机演进

（一）"联盟"号系列运载火箭

"联盟"号系列运载火箭主要用于苏联/俄罗斯的载人航天飞行和空间站货运任务。该火箭可靠性高，且发射次数多，在 20 世纪 80 年代初达到最高峰，每年发射约 60 次，是目前世界上发射次数最多的运载火箭。"联盟"号系列运载是苏联发射次数最为频繁的载人/载货中型运载火箭，LEO 最大运载能力 8.2 t，SSO 最大运载能力 4.8 t，GTO 最大运载能力 2.4 t。火箭基本构型选用二级半、三级半和四级，通过捆绑不同液体助推器或者加载不同型号上面级实现了不同轨道运载能力覆盖（二级总体参数见表 4-15）。其基本型号包括："联盟"U、

"闪电" M、"联盟" FG、"联盟" U2（"联盟" U 改进型）、"联盟" 2（现役为
"联盟" ST）等。

（1）两级联盟火箭。

表 4 - 15 二级"联盟"号火箭总体参数

级数	2 级 + 4 个助推器		
全长/m	49.52（载人型）/45.22（非载人型）		
底部最大直径/m	10.3		
起飞推力/kN	4 002.5		
起飞质量/t	310		
整流罩直径/m	2.7		
运载能力/kg	LEO：7 200		
—	助推器	一子级	二子级
直径/m	2.68	2.95	2.66
长度/m	19.8	28.75	8.1
结构质量/t	4 × 3.5	7.8	3
推进剂质量/t	4 × 39.5	93.2	21
发动机/台	4（RD - 107）	1（RD - 108）	1（RD - 0110）
推进剂	液氧、煤油	液氧、煤油	液氧、煤油
推力/kN	4 × 821	941.8	294.3
比冲/(m · s^{-1})	2 491.7	3 090.2	3 237.3
工作时间/s	120 ~ 140	320	245

相对于"东方"号火箭，芯一级 RD - 108 发动机的节流能力有所增强，使
原来的节流范围从 30% ~ 100% 扩大为 75% ~ 100%。发动机分两步关机：第一步
从 100% 推力逐渐降至 55%，第二步从 55% 逐渐降至零。采用这种关机方式，大
大减少了发动机关机的后效冲量，提高了有效载荷的入轨精度。

芯二级 RD - 0110 发动机为固定式四管液体发动机，由 1 台涡轮泵向 4 个燃
烧室输送液氧和煤油，发动机节流能力为 50%。

在芯二级两个推进剂贮箱内都装有多个液面传感器，利用这些传感器的信号

通过节流阀来调节推进剂混合比，确保燃料与氧化剂同时耗尽，从而提高火箭的运载能力。

（2）"联盟" 2.1v。

进入 21 世纪以来，进步中央设计局一直着力于"联盟"系列火箭的改进和型谱的拓展。2007 年前后，进步中央设计局在"资金有限"的背景下，按照"适度改进"的策略，推出了"联盟" 1 运载火箭设计方案（后续改称为"联盟 2.1v"），该方案决定引用 20 世纪 70 年代 N1 登月火箭下马后遗留的 NK－33 发动机，对"联盟"火箭一子级进行升级，且新型号去掉了标志性的 4 个助推器。

"联盟" 2.1v 运载火箭是一款无捆绑的轻型两级运载火箭，主要执行近地轨道小型载荷发射任务，还可以选配上面级作为三子级，执行更多类型的任务。"联盟" 2.1v 运载火箭 LEO 运载能力 3 t，搭配"伏尔加"上面级执行 SSO 发射任务时，运载能力为 1.4 t。

火箭的首飞状态为"两级火箭 +'伏尔加'上面级"的状态，全长 44 m，最大直径 2.95 m，总重 157～160 t，起飞推力 172.36 t。表 4－16 主要以此状态为基础，讨论火箭的总体方案及参数。

表 4－16　"联盟 2.1v + 伏尔加上面级"主要总体参数

	一子级	二子级	伏尔加上面级
直径/m	2.95 m（最大处）	2.66	3.1
长度/m	27.8（含级间段）	6.74	1.03
结构质量/t	9.3	2.355	0.89
推进剂质量/t	119.7	25.4	0.3－0.9
发动机/台	主发动机：1（NK－33） 姿控：1（RD－0110R）	1（RD－0124）	—
推进剂	液氧、煤油	液氧、煤油	四氧化二氮、偏二甲肼
推力/kN	海平面：NK－33：1 510 RD－0110R：213.6 真空：NK－33：1 682 RD－0110R：279.3	真空 294.3	真空 2.94

—	一子级	二子级	伏尔加上面级
比冲/s	海平面：NK－33：297 RD－0110R：241 真空：NK－33：331 RD－0110R：315	真空 359	真空 307
工作时间/s	210	270	最大 900

（二）"质子"系列运载火箭

"质子"号系列运载火箭是苏联研制的第一种非导弹衍生的、专为航天任务设计的大型运载器。该系列火箭共有 3 种型号：二级型、三级型（"质子"号 K、"质子"号 M）和四级型（"质子"号 K/上面级 D 系列、"质子"号 K/"微风"M 和"质子"号 M/"微风"M）（见图 52）。

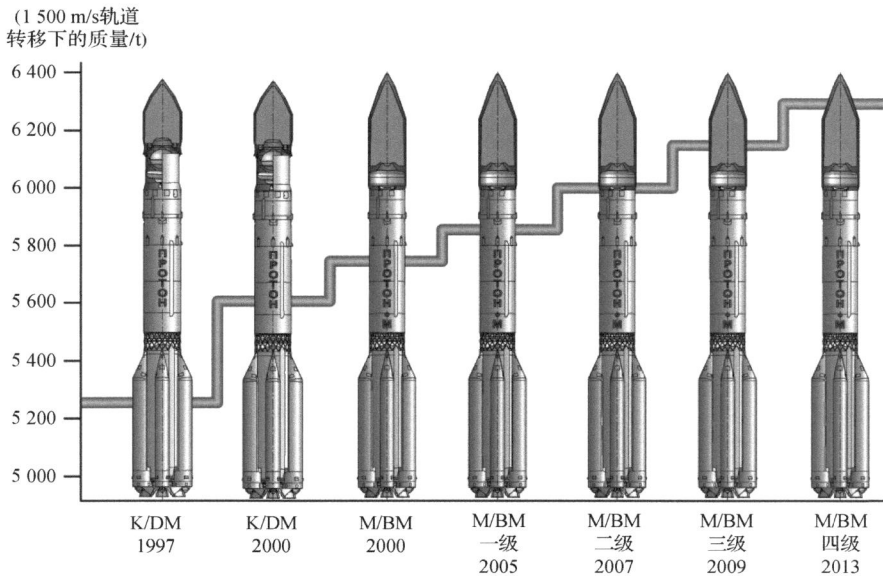

图 52 "质子"号系列运载火箭

四级型"质子"号 K/上面级 M（见图 53）主要用来验证"质子"号 M 火箭的推进系统和"微风"M 上面级的性能。由于"质子"号 M 火箭的推进系统与"质子"号 K 火箭（其总体参数见表 4－17）在 2000 年后用的推进系统完全相同，因此"微风"M 上面级的首飞便是由该型火箭执行的。从 1999 年 7 月首次发射到 2003 年 12 月 10 日，总共执行了 4 次发射任务，首次失利，其他 3 次均取得成功。

图 53 "质子"K 火箭一子级与上面级

表 4-17 "质子"号 K 火箭总体参数

总体参数	"质子"号 K			"质子"号 K／上面级 DM3
级数	3			4
全长／m	57. 85（标准型整流罩） 62. 375（非标准型整流罩）			60. 1
底部最大直径／m	7. 4			
起飞推力／kN	9 600			
起飞质量／t	700			690
整流罩直径／m	4. 35			
运载能力／t	19. 76／(LEO h = 186 km／ 222 km，i = 51. 6°)			2. 75～4. 35（GTO）／1. 88（GEO）／6. 2（月球 轨道）／5. 4（金星轨道）／5. 0（火星轨道）
子级参数	一子级	二子级	三子级	DM3 上面级
直径／m	4. 1(氧化剂箱) 1. 6(燃料箱)	4. 1	4. 1	3. 7
长度／m	21. 2	17. 1	6. 9	6. 28
结构质量／t	31	9. 75	4. 185	3. 21
推进剂质量／t	419. 41	156. 113	46. 562	15. 05
发动机／台	6（RD -275）	3（RD -0210） +1（RD -0211）	主机:1（RD -0213） 游机:1（RD -0214）	1（11D58M）

续表

子级参数	一子级	二子级	三子级	DM3 上面级
推进剂	四氧化二氮、偏二甲肼	四氧化二氮、偏二甲肼	四氧化二氮、偏二甲肼	四氧化二氮、偏二甲肼
推力/kN	$6 \times 1\,750$	4×583	主机：583 kN/游机：31 kN	83.5
比冲/(m·s^{-1})	2 890	3 210	主机：3 210/游机：2 870	3 449.6
工作时间/s	130	212~250	主机：250/游机：270	680

　　该型火箭的一子级由中央氧化剂贮箱和在其四周对称分布的 6 个捆绑的外挂燃料贮箱构成。捆绑贮箱通过 5 个卡箍固定在中央部件上，其中下面 2 个是固定的，可以向中央贮箱的尾段传递发动机的推力和捆绑部件的质量，其他 3 个是活动的，承受侧向力。燃料贮箱在第一级飞行期间不与芯级贮箱分离。

　　DM3 上面级采用杆系构件来支撑和固定各个部件和组件，上面是球形氧化剂箱，下面是环形燃料箱。氧化剂箱上面装有环形仪器舱。下面装有 1 台主发动机，其头部伸入环形燃料箱中央的中空部位（见图 54），以缩短上面级的长度。

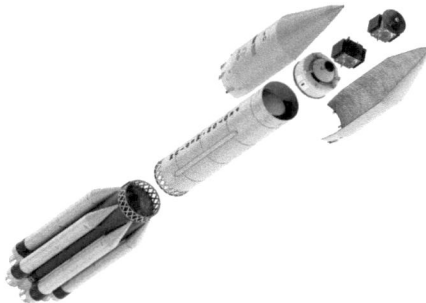

图 54　质子火箭结构图

（三）"旋风"号系列运载火箭

　　"旋风"号是苏联运载火箭，主要用于发射军用卫星，由设在乌克兰的杨格尔设计局（现在的南方设计局）设计，由南方机器制造厂制造，由格鲁什科设计局提供一、二子级发动机。苏联解体后，"旋风"号就成为乌克兰的运载火箭。

　　"旋风"号系列运载火箭包括"旋风"2、"旋风"2K、"旋风"3 和"旋风"4 等型号（见图 55），它们都是在苏联采用可储存液体推进剂的第 2 代洲际弹道导弹 P36（SS－9）基础上发展而来的，具有快速灵活反应能力（见表4－18）。

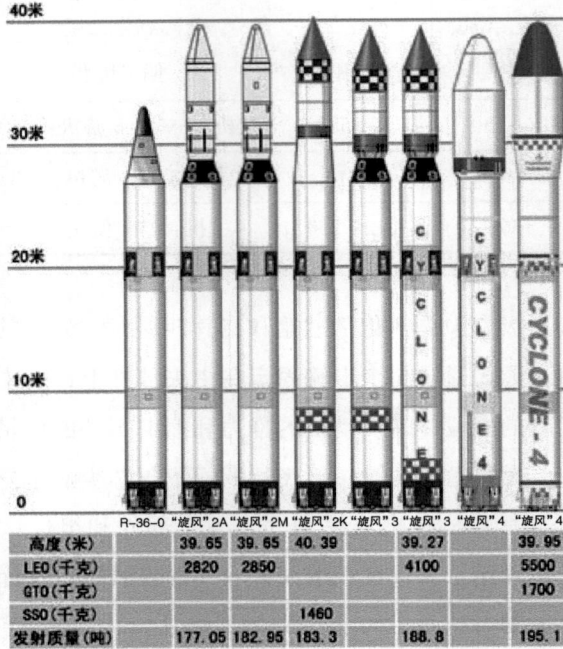

	R-36-0	"旋风"2A	"旋风"2M	"旋风"2K	"旋风"3	"旋风"3	"旋风"4	"旋风"4
高度（米）		39.65	39.65	40.39		39.27		39.95
LEO（千克）		2820	2850			4100		5500
GTO（千克）								1700
SSO（千克）				1460				
发射质量（吨）		177.05	182.95	183.3		168.8		195.1

图55 "旋风"号系列运载火箭

表4－18 "旋风"号系列主要技术性能

一	"旋风"2	"旋风"2K	"旋风"3	"旋风"4
级数	2	3	3	3
全长/m	39.95	39.95	39.27	39.95
直径/m	3	3	3	3~4
起飞质量/t	179.1	179.1	189	198
起飞推力/kN	2 946	2 946	2 973	2 971
推重比	1.68	1.68	1.604	1.53
运载能力/t	LEO：4 SSO：1.46	LEO：2 SSO：1.46	LEO：3.6 2.5（1 000 km 轨道）	5.25（$h = 185$ km， $i = 51.5°$）

续表

—	"旋风" 2	"旋风" 2K	"旋风" 3	"旋风" 4
入轨精度	—	轨道高度偏差： 7~9 km 轨道倾角偏差： 0.08°~0.12°	高度偏差：±15 km 周期偏差：±5 s 倾角偏差：±3°	—

（四）"天顶"号系列运载火箭

"天顶"号系列运载火箭包括 4 个型号，即"天顶"2、"海射"3SL、"陆射"3SLB 和"陆射"2SLB（见图 56）。

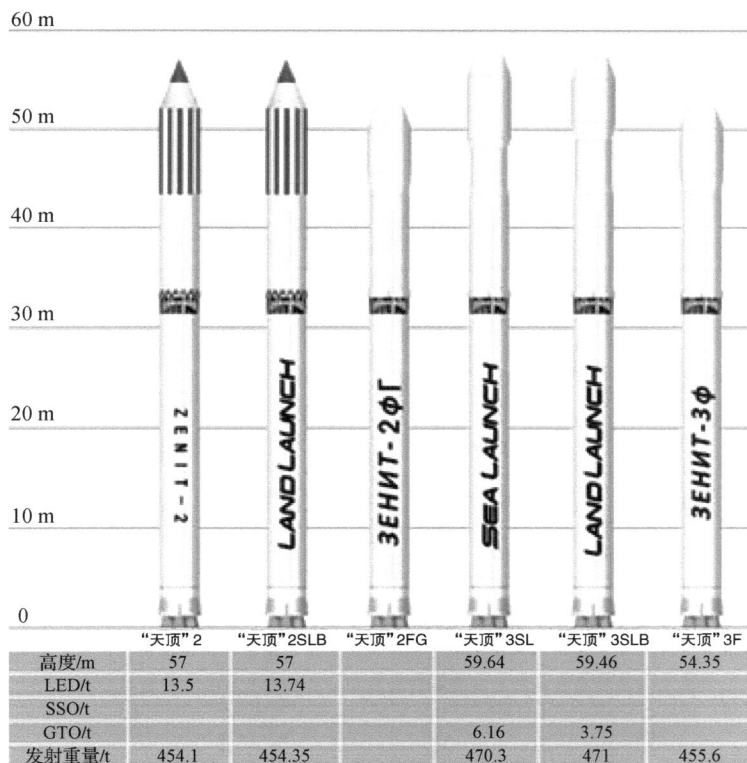

	"天顶" 2	"天顶" 2SLB	"天顶" 2FG	"天顶" 3SL	"天顶" 3SLB	"天顶" 3F
高度/m	57	57		59.64	59.46	54.35
LED/t	13.5	13.74				
SSO/t						
GTO/t				6.16	3.75	
发射重量/t	454.1	454.35		470.3	471	455.6

图 56 "天顶"号系列运载火箭型谱图

"天顶"2 于 1976 年由乌克兰南方科研生产联合体开始研制，1985 年 4 月首飞，1989 年 5 月作为商用运载火箭投入国际航天发射服务市场。苏联解体后，

"天顶"号成为乌克兰最主要的运载火箭。20世纪90年代,海上发射"天顶"号三级运载火箭的创新构想被提出,紧接着在1995年4月,乌克兰国家南方设计局、俄罗斯能源火箭航天集团、美国波音商业航天公司和挪威克瓦耶梅尔公司合资组建了国际海上发射公司,并于1999年3月实现海射"天顶"号3SL首飞成功。为了取得更多的市场份额,国际海上发射公司又提出了用陆射两级"天顶"号2SLB和三级"天顶"号3SLB来满足中低轨道和高轨道用户的不同需要,并分别于2007年6月、2008年4月首飞成功。在2SLB基础上搭配"弗雷盖特"上面级的"天顶"3F于2011年首飞成功。

海射"天顶"号3SL火箭(其总体参数见表4-19)是世界上第一种从海上发射的运载火箭,发射卫星不受轨道倾角的限制,也无须变轨,可以直接把卫星送入地球同步转移轨道或者地球同步轨道,从而可以提高火箭的运载能力或延长卫星的在轨寿命。一、二子级和整流罩在分离后的坠落区也都在海上,比较安全。所有射前准备和发射操作所需要的装置和设备全都配置在两艘船上,不需要建造固定的陆地发射场。

表 4 – 19 "天顶"号 3SL 总体参数

级数	3	运载能力/kg		
全长/m	59.6			
起飞推力/kN	7 257	GTO:6 066		
起飞质量/t	473	GSO:1 700		
整流罩直径/m	3.9			
—	一子级	二子级		三子级
直径/m	3.9	3.9		3.7
长度/m	32.9	10.4		5.6
结构质量/t	32.33	9.1		2.6
推进剂质量/t	322.27	81.7		15.9
发动机/台	1 (RD-171)	主机:1 (RD-120) 游机:1 (RD-8)		1 (11D58M)
推进剂	液氧、煤油	液氧、煤油		液氧、煤油

续表

—	一子级	二子级	三子级
推力/kN	7 257	主机：833.6 游机：78.4	84
比冲/(m·s^{-1})	3 028	主机：3 430 游机：3 351.6	3 488.8
工作时间/s	140～150	主机：300 游机：300～1 100	712

该型火箭的一、二子级发动机均使用液氧、煤油作为动力燃料，并采用氦气增压方式。一子级采用 1 台高压补燃的四燃烧室发动机 RD－171（见图 57），每个推力室可单向摇摆。二子级采用喷管不摆动的 1 台高压补燃单燃烧室主发动机 RD－120（见图 58）和 1 台四推力室的可单向摆动的游动发动机。

图 57　RD－171 发动机

图 58　RD－120 发动机

（五）N-1号运载火箭

苏联月球发射计划是用一个单独的发射工具，即 N-1 号运载火箭，并且 N-1 号运载火箭要在月球轨道实现对接，这和美国用"土星"5 发射"阿波罗"号和登月舱飞船采用的是相同的方式。

N-1 号四次发射均以失败告终，彻底粉碎了苏联人的登月之梦。

N-1 号运载火箭是一枚全液氧、煤油推进剂无捆绑五级串联火箭，第一级用 30 台 NK-33 液体火箭发动机捆绑组成，第二级到第五级分别采用 8、4、1、1 台发动机。箭体直径 17 m，LEO 运载能力 95 t（其总体参数见表 4-20）。

表 4-20　N-1 号运载火箭总体参数

级数	5	运载能力/t			
全长/m	105				
起飞推力/t	4 500	95（LEO，220 km/51.6°）			
起飞质量/t	2 825				
—	一子级	二子级	三子级	四子级	五子级
直径/m	呈锥状，最宽处 17			4.4	
发动机/台	30（NK-15）	8（NK-15V）	4（NK-21）	1（NK-19）	1（RD-58）
推进剂	液氧、煤油	液氧、煤油	液氧、煤油	液氧、煤油	液氧、煤油
推力/kN	45 000	14 000	1 610	446	85
比冲/（m·s^{-1}）	330	346	353	353	394
工作时间/s	125	120	370	443	600

前三级串联火箭将飞船送入地球轨道，其余两级用于地月推进。燃料满载情况下，N1-L3 重 2 788 t。下面三级呈截锥体形，贮箱采用球形贮箱，最下部直径约 17 m。受箭体内燃料箱形状的限制，一个较小的球形煤油箱在上部，较大的液氧箱在下部。上部分呈圆柱形，直径 4.4 m。

（六）"能源"号运载火箭

"能源"号是苏联研制的一种通用重型运载火箭，它是作为"暴风雪"号可

重复使用航天系统的一个重要组成部分开发的，主要任务是运载可重复使用的
"暴风雪"号轨道飞行器（见图59），还可以向近地空间发射空间站的大型舱段，
向近地轨道或地球同步轨道发射重型军用和民用卫星，向月球、火星或深空发射
大型有效载荷。"能源号"火箭（其主要参数见表4-21）在总体布局上继续沿
用了苏联大型运载火箭自20世纪50年代后期以来广泛采用的横向捆绑助推器的
结构形式，即在芯级周围捆绑不同数量的助推器，用以构成助推级。1987年5月
投入使用的仅是"能源号"火箭的基本型，它由芯级、助推级与有效载荷组成，
助推级则由捆绑在芯级两侧的4个相同的液体火箭助推器组成。

图59　"能源"号与"暴风雪"号航天飞机最终方案

表4-21　"能源"号火箭主要参数

项目	助推器	芯级
发动机/台	4（RD-170）	4（RD-0120）
真空推力/kN	7 904	1 962
加注量/t	318.8	820
结构质量/t	18.2	54
子级最大直径/m	3.9	7.75
起飞质量/t	2 220	
起飞推力/kN	35 457	
运载能力/t	LEO：100；GSO：22	

"能源"号火箭在芯级周围捆绑不同的助推器形成"能源"系列运载火箭：

（1）在芯级两侧捆绑2个助推器，火箭质量1 700 t，地面推力19 613 kN，运载能力65 t（近地轨道）。

（2）在芯级周围捆绑4个助推器，火箭质量2 400 t，地面推力34 833 kN，运载能力105 t（200 km圆轨道）。

（3）在芯级周围捆绑6个助推器，火箭质量3 050 t，运载能力提高到150 t（200 km圆轨道）。

（4）在芯级周围捆绑8个助推器，火箭质量4 000 t，运载能力提高到200 t（200 km圆轨道）。

（七）"起跑"号运载火箭

为实现快速进入空间，俄罗斯的快速响应小运载火箭形成了以下两条发展路线：

一是以洲际弹道导弹技术为基础，使用弹改箭方式发展快速响应小运载火箭：在SS－19中程导弹基础上改进而成的"隆声"号（Rockot）；由SS－25洲际导弹改装的"起跑"号（Start）；由SS－N－18潜射导弹改装的"波涛"号；由SS－N－23潜射导弹改装的"平静"号；由SS－18洲际导弹改装的"第聂伯"号等（见图60）。二是以An－124大型运输机为基础，发展空中发射的快速响应小运载火箭。

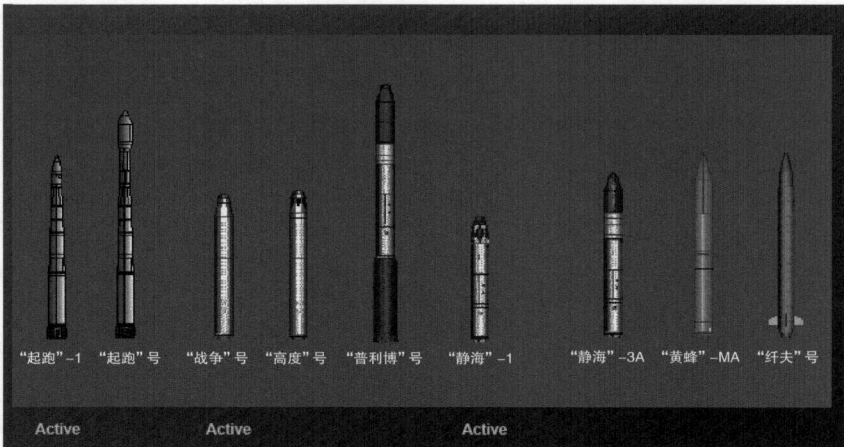

图60　俄罗斯快速响应小型运载火箭图谱

"起跑"号又称"创始"号，是由 SS - 25 弹道导弹改装而成的四级固体运载火箭，重 60 t，直径 1.8 m，长 28.9 m。"起跑"号系列火箭价格低廉，很有竞争力（见图 61）。

图61 "起跑"号火箭

"起跑"号火箭采用公路机动发射设施，除标准卫星处理、跟踪设施以及适当的混凝土发射阵地外，不需要任何专用的新发射设施就可在世界任何一个发射场执行发射任务。火箭使用运输发射筒进行存储、运输和发射。该运输发射筒不仅可以保护火箭免受外部机械损害，而且在火箭操作过程中还能与地面发射设施一同提供温湿环境。运输发射筒可放置在固定发射台上或"白杨"导弹 7 轴运输—起竖机动发射车上。

运输—起竖机动发射车行驶到平坦的混凝土发射阵地后，通过液压驱动调整支座，确保发射车的稳定和平衡。火箭发射之前，首先抛掉发射筒前端的顶盖，然后采用液压作动方式起竖到垂直位置，火箭借助燃气发生器从发射筒中弹射出去。

4.2.3 第二个时期的发展（2014 年至今）

为"提升国际商业发射竞争力"，俄罗斯研制了新一代"安加拉"系列火箭，并于 2014 年首飞。第二代"安加拉"火箭的突出特点是通用芯级捆绑实现任务全覆盖，以无毒推进剂替代有毒推进剂火箭（"质子"／"宇宙"号等）。目前，俄罗斯的所有火箭项目都由政府主导，在燃料使用方面则坚定不移地走液氧、煤油路线。由于俄罗斯航天工业的经济困难且管理保障不足，使得"安加拉"系列火箭在2014年首飞后，至今无法进入发射市场。尝试用"安加拉"系列火箭替换"质子"号、用"联盟"5/6火箭替换"联盟"2号火箭的发展计划也因受阻而进展缓慢。

（一）"安加拉"系列运载火箭

"安加拉"系列运载火箭是俄罗斯赫鲁尼切夫国家航天科研生产中心于1994年8月开始研制的多级系列化液体火箭（见图62）。该系列运载火箭包括轻型、中型、重型和超重型方案，未来将完全取代俄罗斯现有运载火箭（其总体参数见表4-22）。其研制采用了"模块化设计""渐进式""分阶段"的思路。火箭采用高度标准化的通用火箭模块（CRM），根据不同的模块组合方案，分为"安加拉"1.2、A3、A5和A7共4种型号（见图63），可以执行从中、低地球轨道到地球同步转移轨道和地球同步轨道的多种发射任务。其中，"安加拉"1.2、"安加拉"A5于2014年首飞成功。

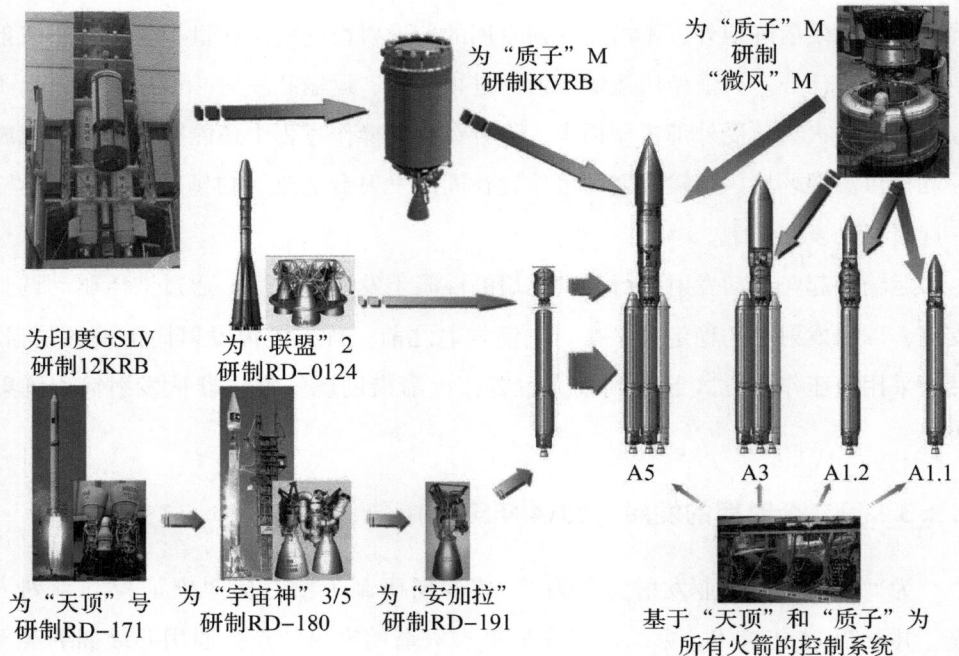

为"质子"M研制KVRB

为"质子"M研制"微风"M

为印度GSLV研制12KRB

为"联盟"2研制RD-0124

A5　A3　A1.2　A1.1

为"天顶"号研制RD-171

为"宇宙神"3/5研制RD-180

为"安加拉"研制RD-191

基于"天顶"和"质子"为所有火箭的控制系统

图62　"安加拉"系列运载火箭与其他火箭关系

表 4 – 22 "安加拉"系列火箭总体参数

型号	级数	起飞推力/kN	起飞质量/t	整流罩直径/m	运载能力/t	
					LEO（200 km）	GTO
安加拉 1.2	2	1 920	171	3.7	3.8	—
安加拉 A3	3	5 760	481	4.35	14.6	3.6
安加拉 A5	3	9 600	773	4.35	24.5	7.5
安加拉 A7	3	13 440	1 133	5.1	35.0	12.5

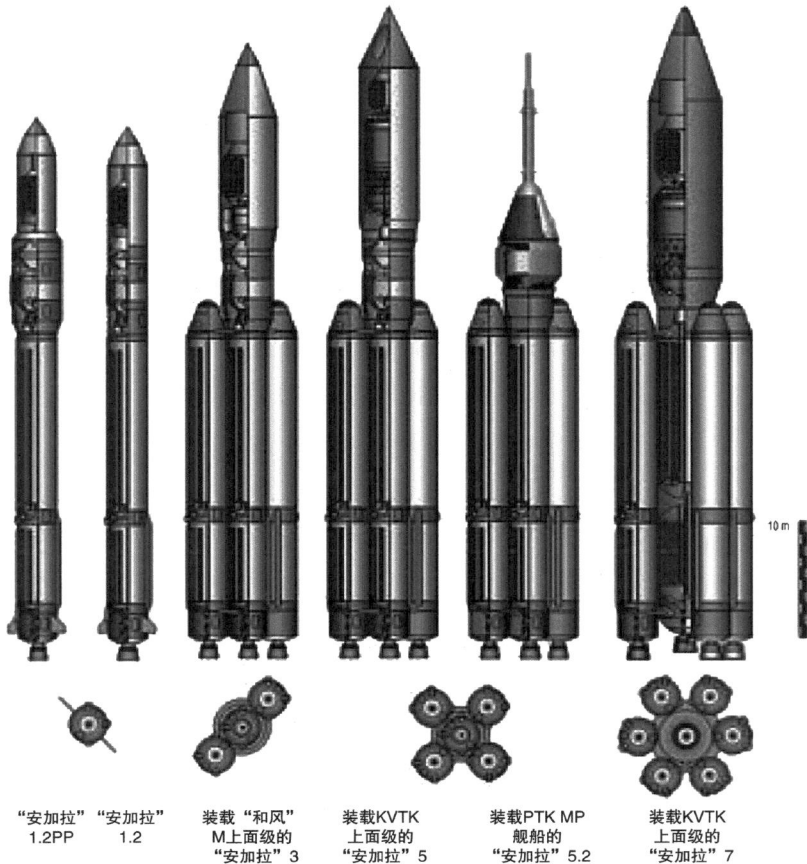

"安加拉" "安加拉" 装载"和风" 装载KVTK 装载PTK MP 装载KVTK
1.2PP 1.2 M上面级的 上面级的 舰船的 上面级的
 "安加拉"3 "安加拉"5 "安加拉"5.2 "安加拉"7

图 63 "安加拉"系列运载火箭示意图

（二）"联盟" 5 运载火箭

"联盟" 5 运载火箭被戏称为"胖型天顶"，其箭体直径 4.1 m，火箭一子级采用"天顶"火箭使用的 RD – 171 发动机升级版，二子级采用"联盟" 2 火箭的 RD – 0124 发动机提供动力。一子级和二子级均由进步火箭航天中心（Progress Rocket）建造。另外，"联盟" 5 还可配备其主承包商能源火箭航天公司（RSC Energia）现役 Block – DM 上面级。LEO 运载能力可覆盖 13 ~ 26 t。

从设计看，"联盟" 5 可从哈萨克斯坦境内的拜科努尔航天发射场或俄罗斯远东地区的东方发射场发射。在拜科努尔发射场时，火箭将采用最初为"天顶"火箭建造的已有基础设施，因此必须要与"天顶"航天发射系统的基础设施实现最大程度兼容，包括发射台和相关处理设施。当然，这在一定程度上还需要适度升级"联盟" 5 才能实现。俄罗斯战略火箭部队军事科学院索洛多夫尼科夫中校强调，继承性强是"联盟" 5 的主要卖点。尽管升级了 RD – 171 和 RD – 0124，但两型发动机在升级时都尽量沿用了现有系统。虽然继承性良好，但该火箭研制工作仍需花费数年时间。"联盟" 5 的关键设计评审暂定为 2021 年，之后才会全面启动研制和地面测试。

据统计，俄罗斯耗资约 300 亿卢布（约合 5.17 亿美元）在 2021 年实现"联盟" 5（见图 64）首飞，2022 年实现首次载人飞行。未来，"联盟" 5 将代替"天顶"号火箭，并取代"安加拉" A5P 火箭用于发射未来的"联邦"号载人飞船，同时其一子级还将作为俄重型运载火箭的研制基础。

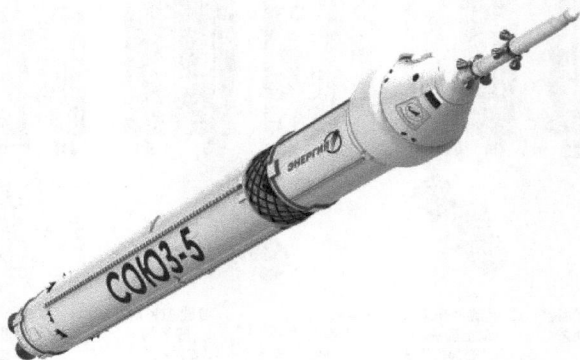

图 64 "联盟" 5 运载火箭示意图

（三）"联盟"7

"联盟"7又称"阿穆尔"火箭，是俄罗斯发展的类"猎鹰"9重复使用运载火箭。火箭起飞推力4 300 kN，起飞质量360 t，LEO运载能力13.6 t，一子级回收状态运载能力10 t级。一子级采用5台RD-0169液氧、甲烷发动机，二子级采用一台RD-0169发动机，箭体直径为4.1 m。

4.2.4 苏联/俄罗斯火箭发展总结

（一）苏联/俄罗斯两个时期的发展动因

（1）政治竞争，追求规模。

第一个时期为1957—2013年，该时期特点是突破有无、增大规模。首先基于战略导弹构建进入空间能力，而后利用空间轨道无国界、宽视场、高频覆盖等优势创造各类新需求；新需求又与运载火箭的运载能力相互促进，推动运载火箭通过捆绑助推、改进动力、增加子级等增加规模，提升运载能力（0.1 t→4 t→10 t→20 t）。

苏联/俄罗斯第一时期的运载火箭继承了弹道导弹研制保障体系，如"联盟"系列火箭源于R-7导弹，通过新研发的"质子"号，俄火箭运载能力提升到20 t级。

（2）精简构型，追求效率。

第二个时期是2014年至今，主要特点是精简构型、提升效率。为解决原有运载火箭可靠性偏低、发射周期过长等问题，苏联/俄罗斯自1985年开始启动运载火箭构型简化、提升效率的工作。

苏联计划以"天顶"号替代"联盟"和"质子"系列火箭；苏联解体后，俄罗斯启动"安加拉"系列运载火箭的研制工作，受限于经济因素，"安加拉"系列火箭于2014年首飞，但至今未能替代"联盟""质子"火箭执行进入空间任务。

（二）苏联/俄罗斯两个时期发展启示

（1）1957—2013年——政府主导研制。

①追求目标：任务主导、高可靠。

②装备型谱：小、中、大火箭系列能力齐全，专用任务火箭逐步支持通用任务发射；发射场以固定发射为主。

③发展策略：政府主导研制，各公司根据政府需求研制运载火箭。

④技术路线：动力、箭体结构源于战略导弹，通过增加末子级提升运载火箭任务适应性，基础级基本保持不变。

（2）2014 年至今——政府主导研制。

①追求目标：以一个系列火箭实现全能力覆盖。

②装备型谱：小、中、大火箭系列基本齐全，燃料以液体为主。

③规划策略：政府主导运载火箭发展。小型运载火箭主要源自退役战略导弹改；中、大型运载火箭两个系列并行（"安加拉"／"联盟" 5），基本型 LEO 运载能力：5/20 t 级；重型运载火箭有规划无实施。

④技术路线：继承动力，RD-170→RD-171M、RD-191；优化模块，由"联盟" 2 一级捆绑→ϕ4.1 m 通用模块，由"质子"集束式捆绑→ϕ2.9 m 通用模块；简化构型，由三/四级走向两级并选择通用基础级，捆绑通用芯级助推；铁路运输，模块直径由铁路运输限界决定。

⑤能力覆盖：LEO 运载能力：3.7~24.5 t，GTO 运载能力：2.4~6.8 t。

⑥两个时期运载火箭的运载能力向近地轨道 10 t 级和 20 t 级两个吨位集中。

■ 4.3　欧洲

4.3.1　欧洲运载火箭发展历程

欧洲已基本建立了小、中、大火箭系列：发展了"阿里安" 1-5 型火箭，主要用于向地球同步轨道发射商业卫星；重点发展了小型、大型火箭，中型载荷采用俄罗斯"联盟"火箭发射。为应对 SpaceX 的商业发射竞争，欧洲正在研制"阿里安" 6 火箭。欧洲运载火箭发展经历两个时期，当前正处于第二个时期末，计划向第三个时期即重复使用发展（见图 65）。

"织女星" "联盟" ST "阿里安" 5ES "阿里安" 5ECA "阿里安" 62 "阿里安" 64

图 65 欧洲运载火箭型谱

(一) 第一个时期 (1961—1995 年): 突破有无，能力变大

法国和英国从 1960 年开始发展自己的运载火箭。法国在探空火箭和导弹基础上研制了"钻石"系列火箭，英国研制了"黑剑"和"蓝光"火箭。欧洲六国与澳大利亚成立欧洲运载火箭发展组织，研制"欧洲"号运载火箭，两次飞行失败，研制计划就此终止。

此后，1973 年欧洲 11 国转向研制"阿里安"火箭，1975 年成立欧洲空间局（ESA）负责研制该型火箭。"阿里安" 1 – 4 型火箭为同一个基础模块的系列火箭（"维金"发动机 + φ3.8 m 模块），"阿里安" 4 是"阿里安"系列火箭中可靠性最高、任务适应性最强的运载火箭。

(二) 第二个时期 (1996 年至今): 三化设计，效能提升

为进一步提升商业发射竞争力，欧洲以"模块化、通用化、组合化"理念研制了"阿里安" 5 系列大型运载火箭，形成了"阿里安" 5G、5ES、5ECA、5ECB 等型号火箭。为补齐中、小型运载火箭能力，欧洲引入"联盟"火箭支持中型载荷发射，研制"织女星"火箭承接小型载荷发射任务。

为应对 SpaceX 的商业发射挑战，目前正在研制"阿里安" 6 系列火箭，计

划于2024年首飞，并以此牵引下一代可重复使用运载火箭的技术攻关和演示验证飞行。

4.3.2　第一个时期的发展（1961—1995）

（一）"阿里安" 1-4 系列

"阿里安"系列运载火箭是欧洲的主力运载火箭，也是全球主要商用运载火箭，由西欧所属11国联合研制的大型液体运载火箭系列，研制工作始于1973年。1975年ESA成立，"阿里安"火箭转由ESA管理。迄今为止，"阿里安"已发展了5个系列，正在研发"阿里安"6运载火箭。

为适应20世纪90年代世界商业卫星发射市场的需要，ESA于1982年1月13日正式批准在"阿里安"3的基础上研制"阿里安"4火箭（其总体参数见表4-23）。

表4-23　"阿里安"4运载火箭总体参数

型号名称	级数	全长/m	箭体最大直径/m	起飞质量/t	起飞推力/kN	运载能力/kg		使用时间/年
						LEO	GTO	
"阿里安"40	3	59.8	3.8	243	2 700	4 600	1 900	1990—1999
"阿里安"42L	3	59.8	9	363	4 050	7 000	3 200	1994—2002
"阿里安"42P	3	59.8	6.2	320	4 000	6 000	2 600	1990—2002
"阿里安"44L	3	59.8	9	470	5 400	9 400	4 200	1989—2001
"阿里安"44LP	3	59.8	9	418.5	5 350	8 300	3 700	1988—2001
"阿里安"44P	3	59.8	6.2	355	5 300	6 500	3 000	1991—2001

"阿里安"4一子级周围捆绑固体或液体助推器，其组合形式有不带助推器的40型，捆绑2枚和4枚固体助推器的42P与44P型，捆绑2枚和4枚液体助推器的42L与44L型（其总体参数见表4-24），捆绑2枚固体和2枚液体助推器的44LP型。

表 4 – 24 "阿里安" 44L 运载火箭总体参数

级数	3	运载能力/kg		
全长/m	59.8	GTO：4 200		
起飞推力/kN	5 400			
起飞质量/t	470			
整流罩 直径/m	4			
整流罩 长度/m	11.1			
整流罩 重量/kg	782			
入轨精度 近地点偏差：1 km				
入轨精度 远地点偏差：54 km				
入轨精度 倾角偏差：0.03°				
—	一子级	二子级	三子级	助推器
直径/m	3.8	2.6	2.6	2.22
长度/m	25.2	11.5	9.9	19
结构质量/t	17.5	3.6	1.2	4×4.5
推进剂质量/t	234	34	10.7	4×43.5
发动机/台	4（维金 C）	1（维金 4B）	1（HM – 7B）	1（维金 6）
推进剂	四氧化二氮、UH25 混肼	四氧化二氮、UH25 混肼	液氢、液氧	四氧化二氮、UH25 混肼
推力/kN	2 700	786	62	4×675
比冲/(m·s⁻¹)	2 716（真空）	2 863	4 354	2 716（真空）
工作时间/s	206	124	735	142

"阿里安" 4 采用多种卫星支架（单星、双星和多星）和整流罩（短、长、特长型）的搭配形式，可满足多种商业应用卫星的需要，可发射世界各大卫星公司生产的多种卫星。欧洲还在法属圭亚那航天发射中心建造了第二发射场 ELA – 2，以提高发射适用性，增加发射率。

"阿里安" 4 于 1988 年 6 月 15 日首次发射成功，至 2003 年 2 月退役时共发射116次，失败3次，是航天运载史上最为成功的商业运载火箭之一（见图66）。

图 66 "阿里安" 4 系列运载火箭

4.3.3 第二个时期的发展 （1996 年至今）

（一）"阿里安" 5 系列火箭

"阿里安" 5 运载火箭是 ESA 根据商业发射市场和近地轨道开放利用的需要，于 1988 年开始研制的世界上第一种采用 "大直径、少级数" 设计方案的大推力运载火箭（其总体参数见表 4 - 25），主要用于向地球同步转移轨道、太阳同步轨道、中低轨道以及飞离地球轨道发射卫星和航天器，以执行多星发射任务为主，地球同步转移轨道运载能力目前可达 6.9 ~ 10.5 t（单星发射）。截至 2013 年 7 月，阿里安 5 系列（"阿里安" 5ECA 总体参数见表 4 - 26）运载火箭共计发射 70 次，失败 4 次。

表 4 - 25　"阿里安" 5 系列运载火箭总体参数

参数	"阿里安" 5G	"阿里安" 5G +	"阿里安" 5GS	"阿里安" 5ES	"阿里安" 5ECA	"阿里安" 5ME
级数	2	2	2	2	2	2
全长/m	46.4	47.5	47.5	52	53.78	55.90
最大直径/m	13.2	13.2	13.2	13.2	13.2	13.2
起飞质量/t	746	746	753	767	780	790
起飞推力/kN	11 400	11 400	11 400	13 000	13 000	13 000
固体助推器/台	2（EAP238）	2（EAP238）	2（EAP240）	2（EAP240）	2（EAP240）	2（EAP240）
一子级（主发动机）	H158（"火神"）	H158（"火神"）	H158（"火神"）	H173（"火神"2）	H173（"火神"2）	H173（"火神"2）
二子级发动机	"艾斯特斯"	"艾斯特斯"	"艾斯特斯"	"艾斯特斯"	HM - 7B	"芬奇"
GTO 运载能力/t	6.9（单星）5.9（双星）	6.9（单星）	6.5（单星）6（双星）	—	10.5（单星）9.5（双星）	11.2（单星）
LEO 运载能力/t	16	—	—	21	—	—

表 4 - 26　"阿里安" 5 ECA 运载火箭总体参数

级数		2	运载能力/t
全长/m		53.78	
起飞推力/kN		13 000	
起飞质量/t		780	
整流罩	直径/m	5.46	GTO：10.5
	长度/m	17	
	重量/kg	2 675	

一	助推器	一子级	二子级
直径/m	3.05	5.46	5.46
长度/m	31.6	30.5	4.71
结构质量/kg	2×40.3	1 500	5.4
推进剂质量/t	2×240	173.3	14.5
发动机/台	2（MPS240）	1（"火神"2发动机）	1（HM7B）
推进剂	端羟基聚丁二烯+68% 过氯酸铵+18%铝粉	液氢、液氧	液氢、液氧
推力/kN	2×4 480	1 068	64.8
比冲/(m·s⁻¹)	2 546	3 351	4 369
工作时间/s	132	540	970

（二）"阿里安"6 系列运载火箭

"阿里安"6 系列火箭是欧洲为确保独立进入空间且在商业发射市场具备持久竞争力而研制的新一代运载火箭。火箭为二级构型，芯级采用改进的"火神"2 发动机提供动力，上面级则采用单台"芬奇"发动机，同时可捆绑 2~4 个固体助推器（单个装药量为 120 t），预计耗资 40 亿欧元（约 52 亿美元）。

从设计看，该系列（见图 67）火箭包括两个技术状态：

轻型"阿里安"62 将捆绑两个固体助推器，GTO 有效载荷能力为 5 t，建造成本为 6 500 万欧元。

重型"阿里安"64 主要是用于商业发射市场，与现役的"阿里安"5 一样，采用一箭双星发射模式，可将总重为 10.5 t 的两颗卫星送入 GTO 轨道，建造成本为 8 500 万欧元。受益于其成本构成，"阿里安"64 的单位有效载荷成本将低于目前 SpaceX 公司"猎鹰"9 火箭的报价。

（三）"织女星"小型运载火箭

在 ESA 的支持下，意大利正在牵头开发"织女星"（Vega）小型运载火箭。在此基础上，发展欧洲自己的快速响应小型运载火箭，同时开展"Perseus"计划，研发空射小运载。

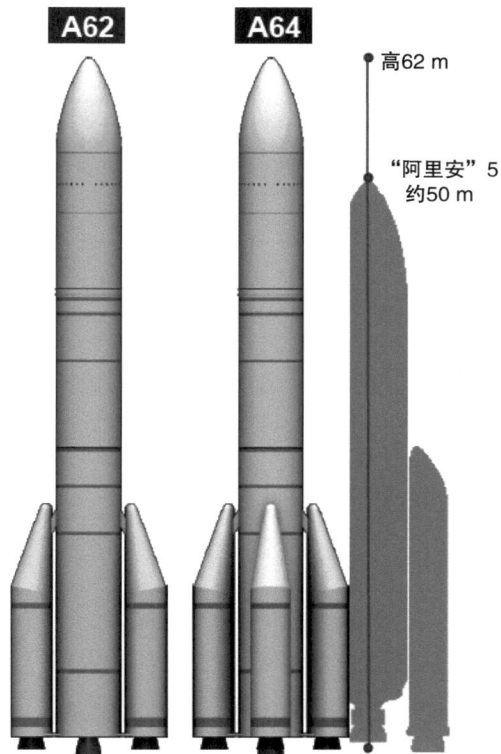

图 67　"阿里安" 6 系列运载火箭

"织女星" 运载火箭（其总体参数见表 4 - 27）计划始于意大利为本国研制的小型运载火箭，该计划于 2000 年被 ESA 采纳。"织女星" 运载火箭作为 "阿里安" 5 系列火箭和 "联盟" 号火箭的补充，用于发射政府和商用小型有效载荷。

表 4 - 27　"织女星" 运载火箭总体参数

级数		4	运载能力/kg
全长/m		31.06	SSO：1 395
起飞推力/kN		2 112	
起飞质量/t		135	
整流罩	直径/m	2.6	
	长度/m	7.88	
	重量/kg	490	

—	一子级	二子级	三子级	四子级
直径/m	3	1.9	1.9	2.18
长度/m	11.2	8.39	4.12	2.04
结构质量/t	7.4	1.85	0.83	0.42
推进剂质量/t	88.38	23.9	10.115	0.55
发动机/台	1（P80 FW）	1（Zefiro 23）	1（Zefiro 9）	1（RD-869）
推进剂	HTPB1912	HTPB1912	HTPB1912	四氧化二氮、偏二甲肼
推力/kN	2 261	1 196	280	2.450
比冲/（m·s^{-1}）	2 744（真空）	2 832	2 891	3 092
工作时间/s	106.8	71.7	117	667

"织女星"运载火箭在法属圭亚那库鲁发射基地发射，发射时除了一子级固体火箭发动机P80FW需要在发射场准备外，其他级都从欧洲整体运送至发射场，在发射台上进行组装。

（四）2025年后欧洲下一代运载火箭

在研制"阿里安"6系列火箭（详见图68）的同时，欧洲推进重复使用运载器关键技术及演示验证机发展（"赫尔姆斯"），并将基于"火神"发动机研制的"普罗米修斯"液氧、甲烷发动机，发展欧洲垂直起降重复使用运载火箭（见图69、图70），最终发展完全重复使用运载器（见图71）。

4.3.4 欧洲运载火箭发展总结

（一）欧洲两个时期的发展动因

（1）突破有无，扩大规模，占据商业发射任务。

第一个时期为1961—1995年。欧洲运载火箭在1988年之前合计发射20次。运载能力最大的"阿里安"3运载火箭LEO运载能力5~6 t，GTO运载能力2.7 t。

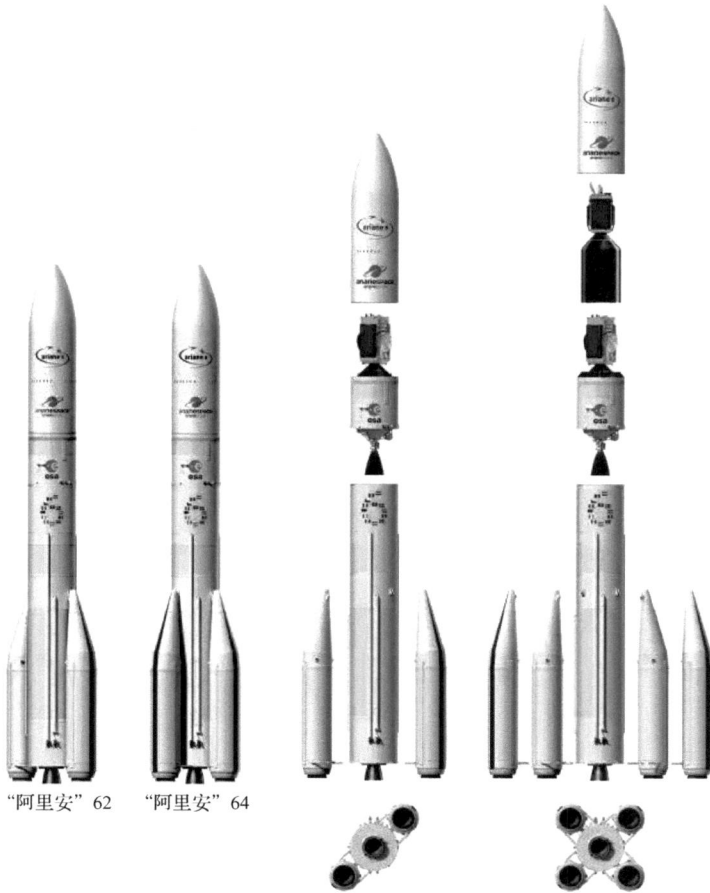

"阿里安"62　"阿里安"64

图 68　"阿里安"6 系列运载火箭

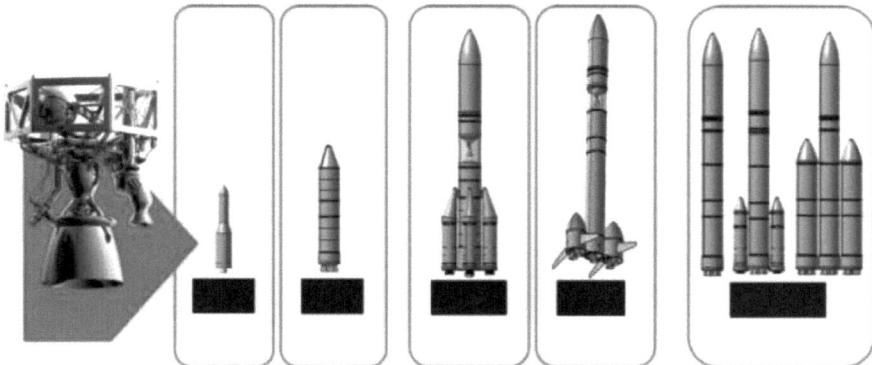

图 69　欧洲重复使用运载器构型图

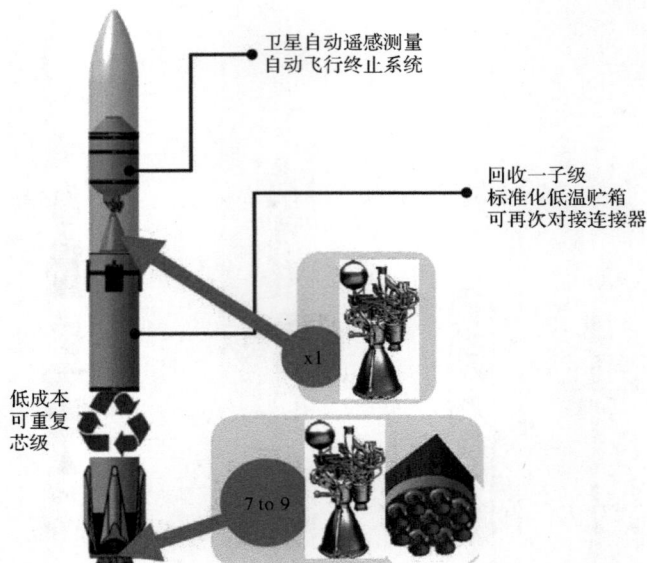

图 70　重复使用运载器构型

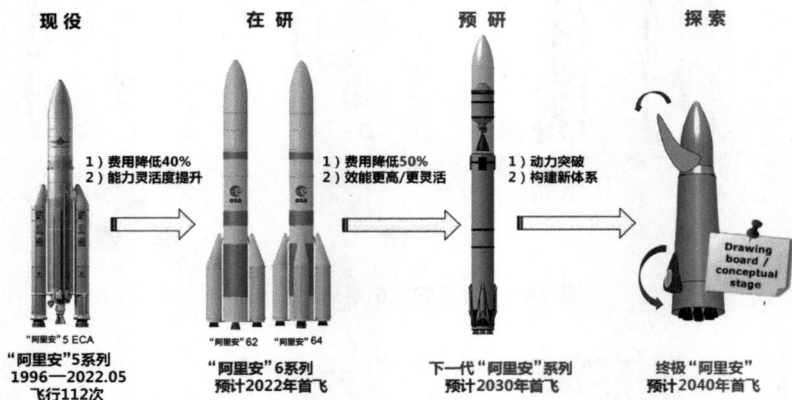

图 71　欧洲运载火箭未来发展

1986 年，美国"挑战者"号航天飞机失事，随后美国一次性运载火箭接连出现灾难性事故。阿里安公司抓住机遇，迅速研制了"阿里安"4 系列火箭，以高可靠、经济优势承担了 50% 以上的商业发射任务。

（2）精简构型，追求效率。

第二个时期为 1996 年至今。为解决原有"阿里安"4 运载能力偏低、无法支持 GTO 4.5 t 以上主流市场需求的问题，阿里安公司以 GTO 轨道双星发射为目标研制了"阿里安"5火箭。目前，"阿里安"5火箭共计发射114次，失败2次。尽管可靠性高，但是卫星组团困难，单星发射费用仍旧过高。

（二）欧洲两个时期的发展动因

（1）1960—1995年——政府合作，股份制公司主导研制。

①追求目标：高可靠性商业发射。

②装备型谱：小、中火箭能力系列齐全；发射场以固定发射为主。

③发展策略：欧洲各国政府成立股份制公司，以出资比例分配火箭产品的产业链布局。

④技术路线："维金"系列发动机 + ϕ3.8 m箭体，捆绑固体/液体助推模块系列化拓展。

（2）1995年至今——政府采购服务，商业公司主导研制。

①追求目标：小型火箭简单、可靠；大型火箭经济、实用，竞争商业发射服务。

②装备型谱：小、大火箭系列能力基本齐全，燃料以固体 + 氢氧为主，研制中的"阿里安"6运载火箭是"阿里安"5火箭的拓展，芯级模块不变，将大型分段式固体助推改为整体式固体发动机，通过捆绑2/4台整体式固体发动机实现GTO能力分档，可以更加高效地支持发射任务。

③规划策略：ESA根据商业市场引导运载火箭发展，使火箭发展兼顾了固体战略产业发展。目前，欧洲正在发展"阿里安"6火箭，后续将以原理样机验证重复使用技术。

④技术路线：提升动力，"火神"1 → "火神"2；发动机通用；简化构型，两级/两级半，基础芯级捆绑固体助推；

⑤能力覆盖："阿里安"6 GTO运载能力：5 ~ 10 t。

■ 4.4　日本

4.4.1　日本运载火箭发展历程

日本基本建立了小、中、大运载火箭系列，发展了N系列、M系列和H系列火箭，主要承担本国发射任务。20世纪末，日本以"模块化"理念研制了H-2A/2B液体火箭和Epsilon固体火箭；为推动运载技术发展和争取国际商业任务，目前正在研制 H-3 系列火箭，并开展重复使用运载技术攻关和演示验证（见图72）。

图72　日本运载火箭发展图谱

日本运载火箭发展大致经历了两个时期，当前正处于第二个时期的中间阶段，并计划向以重复使用为主要研究对象的第三个时期发展。

（一）第一个时期（1970—2000年）：突破有无，能力变大

日本运载火箭源自探空火箭。1970年，日本自行研制的 L-4S 运载火箭发射了日本第一颗卫星，之后研制了 M 系列固体火箭；以从美国引入的"雷神"-"德尔塔"火箭为基础，研制了 N 系列火箭；1984 起自主研制了 H-1、H-2 运载火箭，LEO 运载能力达到 10 t 级。

（二）第二个时期（2001年至今）：三化设计，提升效能

鉴于 H-2 火箭造价过高，缺乏竞争力，日本政府于 1995 年启动 H-2A 系列运载火箭计划，目标是降低发射成本、提高运载能力、增强任务适应性和可靠性。为进一步提升其运载火箭的发射竞争力，日本正在研制 H-3 系列火箭，同时推动重复使用运载技术的攻关与演示验证。

4.4.2 第一个时期的发展 (1970—2000)

(一) M 系列固体运载火箭

M 系列又称"缪"系列（见图 73），是由 JAXA 的前身之一日本宇宙科学研究所（ISAS）开发研制，用于发射科学卫星的多级固体运载火箭系列，包括 M - 4S、M - 3C、M - 3H、M - 3S、M - 3S2、M - 5 及 M - 5 改进型 7 个型号（其总体性能参数见表 4 - 28）。1970 年 9 月首飞，2006 年退役，共发射 30 次，失败 4 次。

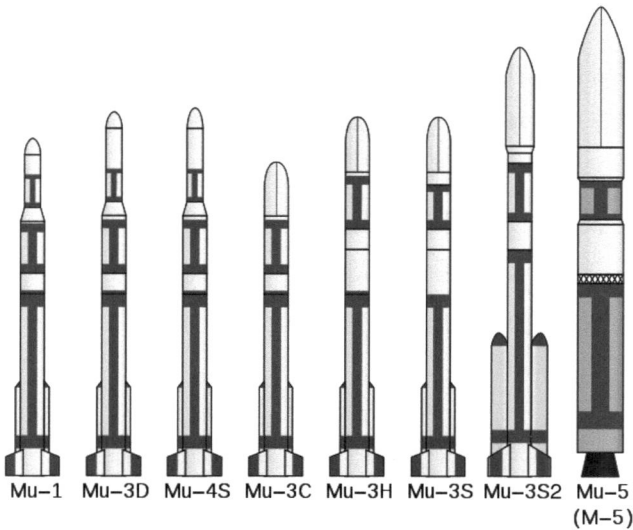

图 73 M 系列固体运载火箭

表 4 - 28 M 系列固体运载火箭总体性能参数

型号	级数	全长/m	直径/m	起飞质量/kg	起飞推力/kN	运载能力/kg	首飞时间
M - 4S	4	23.6	1.41	43 800	1 936.1	180	1970 年
M - 3C	3	20.2	1.41	41 600	1 936.1	195	1974 年
M - 3H	3	23.8	1.41	49 000	2 186.2	290	1977 年
M - 3S	3	23.8	1.41	49 600	2 215.2	290	1980 年

续表

型号	级数	全长/m	直径/m	起飞质量/kg	起飞推力/kN	运载能力/kg	首飞时间
M-3S2	3	27.8	1.41	61 700	1 715.0	780	1985 年
M-5	3	30.7	2.50	139 000	3 698.4	1 800	1997 年
M-5 改进型	3	30.8	2.50	140 400	3 698.4	1 850	2003 年

注：运载能力为高度 250 km、倾角 31°圆轨道的运载能力。

（二）N 系列运载火箭

N 系列运载火箭是日本第一种液体运载火箭，由 N-1 和 N-2 两个型号组成。N-1 火箭是日本最早的应用卫星运载火箭（见图 74）。根据 1969 年 7 月 31 日日本与美国签订的一项空间合作协议，日本从美国引进了"雷神"-"德尔塔"火箭技术，并以此为基础研制了 N-1 火箭，以掌握中、高轨道和地球同步轨道卫星的发射技术。为了适应发射更大型应用卫星的需求，日本在 N-1 运载火箭的基础上研制了运载能力更大的 N-2 运载火箭；为确保进度和可靠性、降低成本，又在 N-2 火箭的研制中继续引进和采用了"雷神"-"德尔塔"火箭的核心技术。

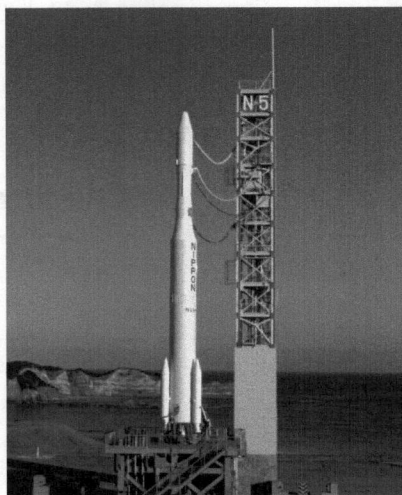

图 74　N-1 运载火箭

N系列运载火箭填补了日本液体运载火箭的空白，为日本大型液体运载火箭的研制进行了技术储备（其主要性能参数见表4-29），为后续H系列火箭打下了坚实的基础。

表4-29 N系列运载火箭主要性能参数

型号	级数	全长/m	最大直径/m	起飞质量/t	起飞推力/kN	GTO运载能力/kg
N-1	3	32.57	4.02	91.47	1 461.6	300
N-2	3	35.36	4.02	135.39	2 157.6	670

（三）H-2运载火箭

H-2运载火箭（见图75）是日本为了满足20世纪90年代空间活动的需要和在空间开发中掌握自主权，并进一步实现运载火箭国产化而研制的。

图75 H-2运载火箭

H-2运载火箭（其总体参数见表4-30）相比于H-1而言，其较大的改进为一子级采用了高比冲的高压补燃氢氧发动机LE-7。同时，H-2运载火箭的固体助推器是当时继美国"航天飞机"和"大力神"固体助推器之后的第3种大型固体助推器。

表 4 – 30　H – 2 运载火箭总体参数

级数	2	运载能力/t	
全长/m	50		
起飞推力/kN	4 050		
起飞质量/t	260	GTO：3.8	
整流罩　直径/m	4.1	LEO：10	
整流罩　长度/m	12		
整流罩　重量/kg	1 400		
—	助推器	一子级	二子级
直径/m	1.8	4	4
长度/m	23.4	28	11
结构质量/t	2 × 11.25	12	3
推进剂质量/t	2 × 59	86	16.7
发动机/台	2（固体发动机）	1（LE – 7）	2（LE – 5A）
推进剂	复合推进剂	液氢、液氧	液氢、液氧
推力/kN	2 × 1 569	主机：912 游机：1.96	120
比冲/(m·s⁻¹)	2 658（真空）	主机：4 405	4 407
工作时间/s	94	主机：346	609

4.4.3　第二个时期的发展（2001 年至今）

（一）H – 2A/B 系列运载火箭

由于 H – 2 运载火箭造价和发射费用较高，且可靠性方面存在问题，日本从 1995 年开始研制 H – 2A 系列运载火箭（见图 76）。H – 2A 运载火箭（其主要参数见表 4 – 31）于 2001 年 8 月首飞成功，截至 2013 年 7 月共发射 22 次，失败 1 次。

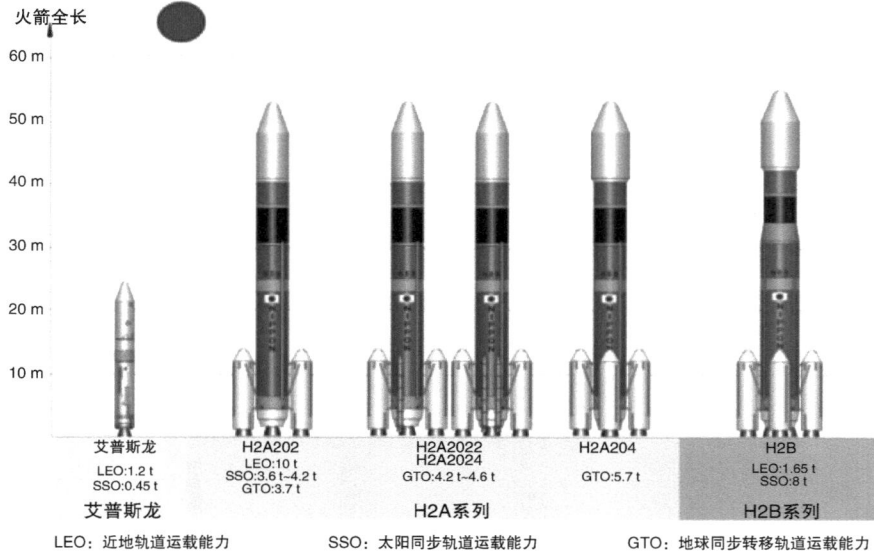

图 76　日本当前运载火箭型谱

表 4 - 31　H - 2A 系列运载火箭主要参数

参数	H - 2A202	H - 2A2022	H - 2A2024	H - 2A204
级数	2	2	2	2
火箭全长/m	53	53	53	53
助推器个数	2 + 0	2 + 2	2 + 4	4 + 0
起飞质量/t	289	321	351	445
起飞推力/kN	11 400	11 400	11 400	13 000
GTO 运载能力/t	3.7	4.2	4.6	5.7
LEO 运载能力/t	10	—	—	—

　　H - 2A 系列由标准型和增强型组成，包含 H - 2A202、H - 2A2022、H - 2A2024（这 3 种统称标准型）和 H - 2A204（增强型）。该系列的各型号基本上都使用通用的分系统和组件，通过模块化设计，采用相同的火箭结构模块的不同配置来组成不同型号。

　　随着 H - 2A 运载火箭的成功应用，日本从 2004 年开始研制 H - 2B 运载火箭，该火箭可以用于发射质量为 16.5 t 的 H - 2 转移飞行器（HTV），向国际空间站运送货物；也可将质量约 8 t 的其他类型有效载荷送入地球同步转移轨道。H-2B 为两级重型运载火箭，在一子级周围捆绑了 4 个固体火箭助推器（SRB-A）。除一子级外，H-2B 火箭的其他组成模块与 H-2A 系列相同，也采用同 H-2A 火箭相同的多种规格的整流罩以及不同标准接口和功能的卫星支架。

（二）H-3 系列运载火箭

H-3 系列运载火箭（见图 77）是日本为确保自主发射能力，维护及发展工业基础，进一步提升空间运输系统竞争力而研制的。

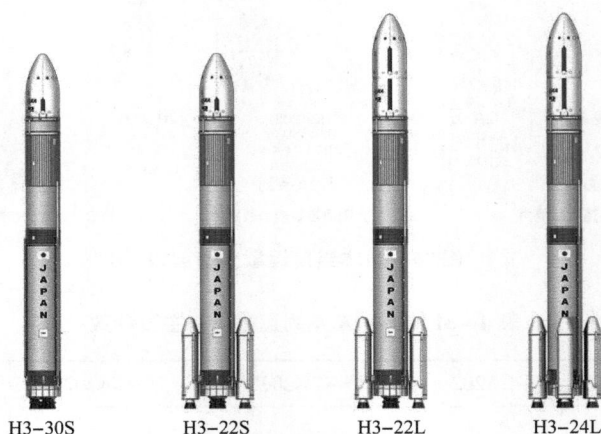

H3-30S　　　H3-22S　　　H3-22L　　　H3-24L
图 77　H-3 系列运载火箭示意图

根据 JAXA 的设计方案，H-3 火箭为两级构型设计（见图 78、图 79），可根据搭载的有效载荷的质量不同，捆绑 0、2、4 枚固体助推器，将 2~7 t 的有效载荷送入地球同步轨道，使得发射成本更低，发射活动更灵活。

图 78　H-3 运载火箭一子级

图79 H-3运载火箭二子级运输

H-3旨在取代日本现役主力运载火箭H-2A以及主要向国际空间站执行补给任务的H-2B两型火箭。目前,H-2A和H-2B年平均发射次数为3~4次,改用H-3后,JAXA和MHI(三菱重工)试图将发射次数增加到8次左右。日本Epsilon小型运载火箭制造商、H-2火箭固体助推器供应商IHI Aerospace将继续为H-3提供固体助推器,川崎重工将提供有效载荷整流罩(见图80)。

图80 H-3运载火箭整流罩分流试验

(三)Epsilon运载火箭

随着M-5火箭的退役,日本现役的运载火箭全部为液体运载火箭。为降低小型载荷的发射成本,满足小型有效载荷的市场需求,日本计划研制Epsilon运载火箭来替代已经退役的M-5火箭。

Epsilon运载火箭为四级小型固体运载火箭。该火箭在研制过程中充分借鉴了日本已有的技术,其一子级为H-2A的固体助推器SRB-A,二子级为M-5运载火箭的三子级M-35。

火箭长24 m,直径2.6 m,重91 000 kg,有两种技术状态:

一是标准型三级固体火箭，可将 1 200 kg 的有效载荷送入近地轨道（近地点 250 km，远地点 500 km 的椭圆轨道）。

二是拓展型，即在标准型的基础上再配备一个小型液体推进系统，携带约 100 kg 的燃料，可将 700 kg 的有效载荷送入近地轨道，或将 450 kg 的有效载荷送入太阳同步轨道。

4.4.4　日本运载火箭发展总结

（一）日本两个时期的发展动因

（1）消化吸收引入技术并进行创新，以运载火箭推动战略导弹发展。

第一个时期：1970—2000 年。这一时期日本运载火箭发展的核心是构建国家战略安全能力，推动战略导弹发展。日本先研发了 M 系列火箭，而后引入美国"德尔塔"火箭（N-1、N-2）并消化吸收其运载技术，再根据自身需求研制了技术先进的 H-2 火箭。然而，尽管 H-2 运载火箭性能先进，可靠性却不足（7 次发射，3 次失败）。

（2）精简构型，追求效率。

第二个时期：2001 年至今。这一时期日本选用通用技术，精简 H-2 构型，研制了 H-2A/B 火箭，大幅提升了运载火箭的可靠性和效率。H-2A/B 采用模块化、系列化发展策略，LEO 运载能力为 16 t，GTO 运载能力为 8 t。

（二）日本两个时期的发展启示

（1）1970—2000 年——政府投资，公司主导研制。

①追求目标：突破有无，增大规模，形成能力。

②装备型谱：具备小、中火箭能力；发射场以固定发射为主。

③发展策略：政府成立宇宙事业开发集团，引导公司开展研制。

④技术路线：固体、固体+液氧、煤油芯级、分段式固体+氢氧芯级。

（2）2001 年至今——政府投资，公司主导研制。

①追求目标：小型火箭快速、自动；中大型火箭经济、实用。

②装备型谱：小、中、大火箭系列基本齐全，燃料以固体+氢氧为主。

③规划策略：日本政府主导运载火箭发展，以固体燃料快速响应的中、小运载火箭和固体+氢氧芯级火箭形成导弹发展的基础能力。

④技术路线：提升动力，LE－7/7A→LE－9；增大直径，Φ2.44→5.2 m 模块；简化构型，两级/两级半，基础芯级捆绑固体助推器。

⑤能力覆盖：基本型（H－3）LEO 运载能力：10～28.3 t，GTO 运载能力：5～14.8 t（见图81）。

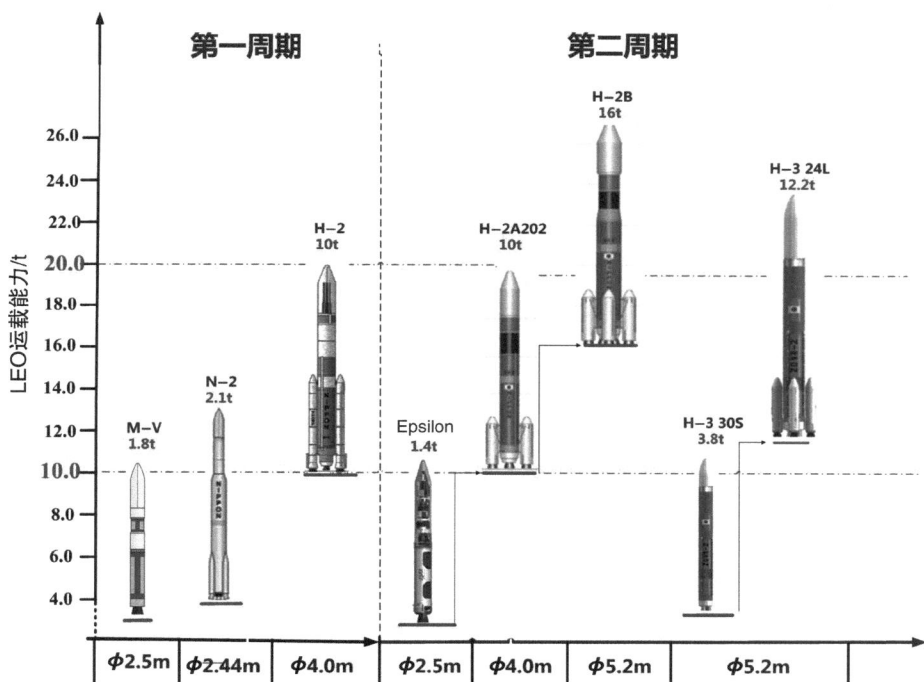

图81　日本运载火箭能力与模块分布

■ 4.5　印度

4.5.1　印度运载火箭发展历程

印度运载火箭发展经历了两个时期，当下正在第二个时期的前半部分。

（一）第一个时期（1970—2013 年）：突破有无，能力变大

印度航天发展始于 20 世纪 60 年代，1962—1972 年为研制探空火箭阶段；1973 年，印度开始研制第一代运载火箭 SLV－3，该火箭于 1980 年首飞成功；1994 年印度第二枚运载火箭 ASLV 成功把"罗西尼"科学卫星送入近地轨道，标志着印度第二代运载火箭技术已经成熟；同年，第三枚运载火箭 PSLV 首飞，成功将近 1 t 的遥感卫星送入太阳同步轨道，标志着印度跨入了具有中、大型卫星发射能力的航天大国之列。

2001 年 4 月 18 日，印度第一枚具有地球同步轨道卫星发射能力的火箭 GSLV 成功发射，将重 1 540 kg 的试验通信卫星送入预定轨道；2002 年 2 月印度自行研制的低温推进剂火箭发动机成功进行热试车，标志着印度已成为世界上能生产低温推进剂火箭发动机的国家之一（见图 82）。

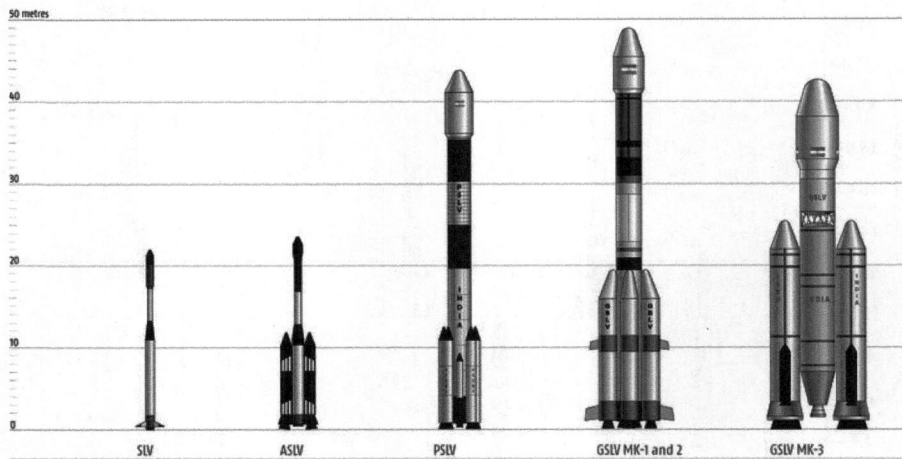

图 82　印度运载火箭系列

（二）第二个时期（2014 年至今）：优化设计，提升效能

为进一步提升高轨发射效能，2002 年印度启动第三代地球同步轨道卫星运载火箭研制工作，2014 年 GSLV MK3 火箭首飞成功。

4.5.2　第一个时期的发展（1970—2013）

（一）极轨道卫星运载火箭（PSLV）

PSLV 系列由印度空间研究组织（Indian Space Research Organization，ISRO）负责研制，在斯里哈里科塔（Sriharikota）发射场发射，主要用于发射印度的遥感卫星，具有多载荷、多任务发射能力。目前在役的包括 PSLV – CA、PSLV – XL 两种型号，PSLV – XL（其总体参数见表 4 – 32）是在 PSLV – CA 上捆绑 6 枚固体助推器。PSLV 于 1994 年 10 月首飞成功，截至 2013 年 7 月，共计发射 24 次，失败 2 次。

表4-32 PSLV-XL运载火箭总体参数

—	第一级	第二级	第三级	第四级	助推器
发动机	1（S138）	1（Viking4）	1（S7）	1（L2）	1（S12）
推进剂	端羟基聚丁二烯	四氧化二氮、偏二甲肼	端羟基聚丁二烯	四氧化二氮、一甲基肼	80%过氯酸铵、铝粉、聚丁二烯丙烯腈
直径/m	2.8	2.8	2.0	2.8	1
长度/m	20.3	12.5	3.6	2.9	12.4
子级重量/t	168	46.9	8.3	2.92	—
推进剂质量/t	138	41.5	7.6	2.5	6×12
最大推力/kN	4 860（真空）	588	328.7	2×7	6×441
比冲/(m·s⁻¹)	2 570	—	2 857.7	—	2 482（真空）
燃烧时间/s	98	147	109	516.6	49
整流罩直径/m	3.2				
运载能力/kg	SSO：1 800 GTO：1 300				

（二）地球同步轨道卫星运载火箭 GSLV

印度空间研究组织在极地轨道卫星运载火箭的基础上研制了地球同步轨道卫星运载火箭 GSLV，包括 MK1、MK2 以及在研的 MK3 三种型号，主要用于向地球同步轨道发射卫星，同时也可执行近地轨道发射任务。GSLV 运载火箭研制计划于 1990 年正式启动，由印度沙罗白航天中心、液体推进系统研究中心、印度空间研究组织的惯性系统部门以及斯里哈里科塔发射中心共同研制，超过 150 个军工企业参与了地球同步轨道卫星运载火箭部件和分系统的生产。

4.5.3 第二个时期的发展（2014 年至今）

（一）LVM-3 运载火箭

LVM-3 又名"GSLV Mk3"，是印度空间研究组织负责研制的，用于发射地球同步轨道卫星的三级大直径固体捆绑火箭，总体构型如图83所示。全箭总高近 44 m，起飞推力 950 t，重量为 640 t。一级大直径固体 S200 直径 3.2 m，三段式推力 950 t；二级直径 4 m，2 台偏二甲肼/四氧化二氮 Vikas 发动机推力 163 t；三级直径 4 m，1 台液氢、液氧 CE - 20 推力 19 t。整流罩直径 5 m，GTO 运载能力 4 t，LEO 运载能力 8 t，详细参数见表 4 - 33。

图 83　印度 LVM - 3 运载火箭

表 4 - 33　LVM - 3 运载火箭主要参数

级数		3	运载能力/t
全长/m		43.43	
起飞推力/kN		9 316	
起飞重量/t		640	GTO：4.0
整流罩	直径/m	5.0	LEO：8.0
	长度/m	10.3	
	重量/kg	—	

续表

一	一级 S200	二级 L110 Liquid Stage	三级 C25
直径/m	3.2	4.0	4.0
长度/m	25	17	13.5
发动机/台	2（S200）	2（Vikas）	2（CE-20）
推进剂	HTPB	UDMH/N2O4	LOX/LH2
推力/kN	9 316	1 598	186
比冲/s	274.5（Vac）	293（Vac）	443（Vac）
工作时间/s	130	200	586

（二）SSLV 运载火箭

随着技术发展，印度也逐渐开始涉足小型固体火箭领域。首先就是 120 t 的 SSLV，属于比较大型的小火箭。

4.5.4 印度运载火箭发展总结

（一）印度运载火箭两个时期的发展动因

（1）探空火箭起步，最大限度利用国外资金和技术形成印度航天运输能力。

第一个时期：1962—2013 年，印度火箭的研发目标主要是支持自身卫星发展，最大限度地利用国外资金和技术，在引进、消化、吸收的基础上形成本国的运输体系。

（2）精简构型，追求效率。

第二个时期：2014 年至今，以模块化、通用化为原则，选用分段式大固体发动机＋液氧、煤油芯级（俄罗斯技术）研制 LNM-3，其 LEO 运载能力达到 10 t 级。

（二）印度运载火箭两个时期的发展启示

（1）1980—2013 年——政府主导研制。

①追求目标：突破有无，增大规模，形成能力。

②装备型谱：具备小、中火箭能力；发射场以固定发射为主。

③发展策略：政府主要聚焦于运载火箭研制。

④技术路线：固体、固体＋固体芯级＋液体末子级模式。

（2）2014 年至今——政府主导研制。

①追求目标：小型火箭快速、自动；中型火箭经济、实用。

②装备型谱：小、中火箭系列基本齐全，固体＋固体、固体＋液氧、煤油。

③规划策略：印度政府主导运载火箭的研发，以固体小运载、固体助推＋液氧、煤油芯级形成商业发展的基础能力。

④技术路线：提升动力，增大直径，$\phi 1$ m→$\phi 2.8$ m；简化构型，两级／两级半，基础芯级捆绑固体助推器。

⑤能力覆盖：LEO 运载能力 8 t 级；GTO 运载能力 4 t 级。

第五章
航天运载技术评估方法

5.1 评估研究方法

5.1.1 运载火箭划代研究法

哲学认识论提出，要厘清事物不同发展阶段的显著表征，寻求事物的发展规律并基于此预判发展趋势，从而提高认识和改造客观世界的能力。划代研究方法作为一种衡量技术发展程度和比较技术发展水平的通用方法，在军事技术的评估研究中有着较为广泛的应用。比如：

（1）战斗机划代：①基本性能（速度、升限、作战半径）；②机动性能；③发动机和气动布局；④武器系统性能；⑤探测与隐身性能；⑥信息融合性能。

（2）导弹划代：可采用年代法、技术水平法、综合法等。对不同国家同一种导弹的划代标准不尽相同，大致可划分为三大代：机电化导弹、信息化导弹、智能化导弹，评估标准是机电技术成熟、信息化水平提升、智能化发展。同一种导弹还能通过导弹效费比进行比较：作为一种武器，导弹的效能只要够用即可，并不是越高越好，但导弹的费用应当越低越好。

（3）航母划代：包括舰机适配性、防御性、动力等，以技术指标为主。

作为运输工具，运载火箭若以技术指标划代则可能落入唯技术先进性而论的误区。运载火箭划代可以根据突破有无、任务适应性提升、高效环保与效能提升、重复使用、航班化运输划分为五代。第一代到第二代为任务与技术提升，第二代到第三代为更换动力和运载能力提升，第三代到第四代为重复使用（技术突破和多次使用），第五代航班化则采用了航空的类比法。

第一代，解决有无。基于战略导弹技术研制，解决了运载火箭的有无问题。其采用模拟控制系统，运载能力、可靠性较低。

第二代，专项牵引、适应任务。在第一代的基础上，通过模块升级、增加助推、增加三子级，提升任务适应性；采用系统级冗余的数字控制系统，可靠性有一定提高。LEO运载能力达到10 t级。

第三代，提升效能、高效环保。大幅提升运载能力，采用无毒无污染推进剂、总线技术和先进的电气设备，可靠性进一步提升。LEO运载能力达到20 t级。

第四代，重复使用、低轨运载能力突破百吨。主要以突破可重复使用、智慧飞行技术为关键特征。LEO运载能力达到100 t级以上。

第五代，高效费比产业化、实现航班化运输。主要以突破完全重复使用运载器、组合动力、核热推进等技术为关键特征，形成航天港模式的、按需进出空间的能力。

5.1.2 运载火箭时期研究法

以美、俄、欧、日为代表的航天强国和地区，根据各自的国家战略、任务需求和基础保障，发展了与自身能力相匹配的运载火箭。大致分为三个时期（见图84）：

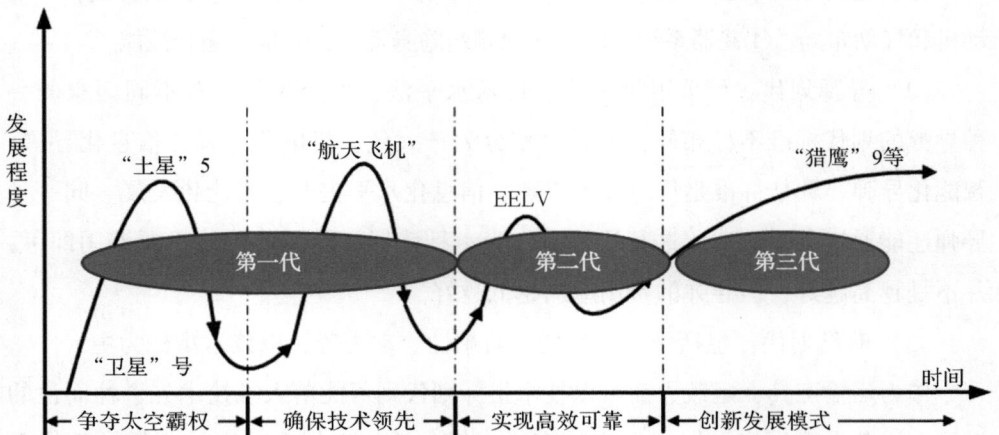

图84 世界运载火箭发展的三个时期

（一）　第一个时期（1957—2001 年）：能力变大

此时期运载火箭发展以安全需求为牵引，实现从"无"到"有"的突破，能力阶梯变大。

政府主导，以战略导弹研发突破进入空间的能力，通过动力提升、模块捆绑、直径增加等迅速提升运载能力（0.1 t→4 t→10 t→20 t→100 t）。

第一阶段：1957—1981 年，争夺太空霸权（从"无"到"有"）——首次发射、载人、交会对接和载人登月。

第二阶段：1981—2001 年，确保技术引领（从"有"到"全"）——部分重复使用（"航天飞机"）、全自动发射（"天顶号"）；不断研制、改进火箭以满足各类任务需求，其中"德尔塔"系列发展 50 余种构型。

（二）　第二个时期（2002—2017 年）：效能提升

此时期根据市场需求，对运载火箭进行了重新设计，实现任务通用、能力衔接，效能提升。

政府主导，创新研发中、大型火箭，实现去任务化、模块精简（3 种左右）、构型优化。美国以单芯级火箭为主（液氧、煤油、液氢、液氧），捆绑小固体助推 + 通用芯级；欧洲、日本选择固体助推 + 氢氧芯级路线；俄罗斯选择液氧、煤油通用芯级捆绑。

（三）　第三个时期（2018 年至今）——重复使用

此时期的运载火箭跳出了传统一次性运载火箭的设计框架，以系统集成融合创新实现载荷、运载火箭、试验场、运输、发射场的统一，且快速迭代，通过仿真、飞行试验突破运载火箭的重复使用，实现任务适应性强、市场竞争力高、可重复使用。

这一时期在政府支持（政策、技术、基础保障等）和市场驱动下，以企业主导，选择单芯级液氧、煤油 + 通用芯机捆绑。实现技术快速迭代，突破子级回收，实现多次重复使用，正在研发液氧、甲烷运载火箭以提升运载能力和重复使用次数，推进产业化发展。

SpaceX 创新发展模式（从优秀到卓越），强化重塑设计制造理念、创新重复使用模式、变革产品配套方式，降低成本、提高效益，推进运载火箭的创新发展和应用。

与运载火箭划代研究法相比，时期研究法可以更好地总结每个时期运载火箭的最突出特征，并以共性的特征指引不同国家、不同时期运载火箭的发展。

第一个时期：运载能力变大——以各类新出现的任务需求为牵引，形成运载能力全覆盖。

第二个时期：发射效能提升——统计已有任务和未来可能的市场，以任务覆盖效率最高为导向，以运载能力切入点为基准，形成运载能力梯度覆盖。运载火箭设计模块标准化、通用化和最简单化。

第三个时期：运载重复使用——单一产品运载能力覆盖最大化，以重复使用、模块最简、地面保障充分实现产品发射效能的最大提升。

■ 5.2　评估指标体系

5.2.1　运载火箭代际评估指标

围绕运载火箭代际演进，可先以能量视角构建一组衡量指标：能量总量、能量密度、能量分布、能量转化率、能量智能控制和能量运输等（见表 5 − 1），而后再等价到运载火箭的相应指标。

表 5 − 1　运载火箭评估指标体系

能量指标 ＼ 火箭指标	衡量指标	指标解读
能量总量	运载能力	基本型火箭 LEO 运载能力
能量密度	面推比（隐性）	发动机推力除以当量面积（箭体与发动机匹配度）
	比冲	基础级发动机速度比冲
能量转化率	运载系数（显性）	LEO 运载能力/起飞质量
	发射费用	单次发射费用和每公斤载荷费用

能量指标＼火箭指标	衡量指标	指标解读
能量分布	运载能力梯度（隐性）	LEO 运载能力梯度
能量智能控制	自主在线规划、任务重构与再入返回，实现重复使用	模型/动力/控制紧耦合
基础模块能量	推进剂加注量（直径/长度/推力）	基本型火箭一子级模块
能量运输	基础保障能力	制造/运输/发射/落区

统计美、俄、欧运载火箭升级换代过程中的历史数据，将这些数据进行归纳总结，形成运载火箭的四个衡量指标。

能量总量与运载火箭的运载能力正相关，运载火箭最大运载能力分布无规律，前述三个时期运载火箭的基本型运载能力分别为 LEO 6.78t、9.05t、22.8t，基本型能力与前一个时期捆绑型运载火箭能力相当，可以选择基本型火箭运载能力作为衡量指标。

能量密度与面推比、发动机比冲相关。面推比反映模块直径与发动机匹配程度，此参数在前述三代运载火箭中的主导作用持续增强。同等条件下，随着模块面推比提升，长细比增加，当长细比超过一定值，则需要选用新的火箭设计控制策略。

发动机比冲与推进剂种类、发动机类型有关，发动机是第三代运载火箭的主要分系统。

能量转化率与运载系数正相关，运载系数与火箭规模、推进剂种类、面推比、发动机性能、飞行载荷选取等综合因素相关。第一代"土星"5 火箭运载系数为4.07%；第二代运载火箭基本型运载系数在2.52%~2.7%，氢氧基本型在3.55%；第三代运载火箭基本型运载系数达到4.03%，模块组合运载系数在4.56%。

能量转化率与运载火箭发射费用正相关，国外第一、第二代主力火箭 LEO 10t 级费用在0.8 亿~1 亿美元/次，LEO 20t 级费用在1 亿~4.3 亿美元/次，第三代主力火箭 LEO 20t 级费用在0.62 亿~0.9 亿美元/次。发射费用与所在国家、市场竞争等因素有关。

能量分布与运载能力梯度正相关，决定任务覆盖率和运载火箭使用效能。第一代运载火箭运载能力梯度高低差距大，从公斤级到百吨级，造成运载火箭与任务需求错位。第二代火箭基本型 LEO 10t 级，组合型 LEO 20t 级。第三代火箭基本型 LEO 20t 级，组合型 LEO 60t 级。

模块能量与基本型火箭能力相关，能量运输与基础保障（制造、运输、试验和发射支持）相关，能量精准控制与智能控制等相关。上述初选的七个能量指标涉及运载火箭的四个自变量（发动机、模块直径、基础保障、智能控制），可归纳为四个代际演进的衡量指标：

指标 1：能量、能级跃迁（Bigger），运载火箭代际跨越，基本型运载能力增长≮50%，基本覆盖上一代火箭组合型。

指标 2：能量高低搭配（Better），基本型 10 t 级或者 20 t 级切入，组合型 20 t 或者更高吨位切入，模块种类≯3，可靠性不低于98%。

指标 3：能量精确控制（Reusable），同等载荷发射费用降低50%以上，实现部分或完全重复使用。

指标 4：能量运输保障（Fitter），与基础保障更匹配，达到重复使用工程化临界阈值。

5.2.2　运载火箭实用性评估指标

结合运载火箭代际能量指标体系，将能力、效率、成本 3 个维度作为一级指标，按照覆盖全面、互不重叠的原则进一步扩充为 10 个二级指标，形成运载火箭评估指标体系，如表 5 - 2 所示。对照该指标体系（见图 85），结合航天强国技术水平，分析我国现状及差距，按照问题导向和目标导向的要求，指导我国运载火箭型谱规划目标和原则的制定。

表 5 - 2　型谱指标体系

一级指标	二级指标
能力	基本型运载能力、组合型最大运载能力、能力梯度区间
	技术能力（重复使用、智能飞行等）

续表

一级指标	二级指标
能力	环境友好性及安全性
	发射及飞行可靠性
效率	发射频次（产能以及与发射场匹配性）
	运载效率（含运载系数，平均单发入轨质量）
	测发周期（使用维护性能）
成本	通用化、系列化、模块化水平
	研制成本
	发射成本（包括产品成本、推进剂及发射服务）

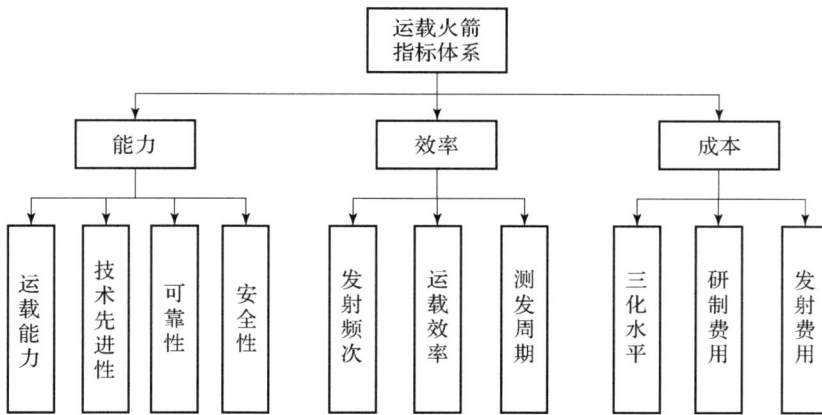

图85 运载火箭评估指标体系

第六章

国外航天运载技术水平与支撑技术评估与预测

■ 6.1　国外航天运载支撑技术评估

6.1.1　设计仿真能力

（一）基础理论研究不断深化

近年来，国外航天科研机构不断加大基础理论研究的力度，从顶层开始优化火箭的设计原理及方法。例如，通过优化运载火箭结构设计的某一系数，某些大型元件的重量最多可以节省 20%，还能让设计者更好地把握安全所需的稳固性问题。

美国兰利研究中心的 NASA 工程与安全中心从 2007 年开始重新计算并实验性地验证了壳体屈曲的"折减系数"，这个系数自航天时代伊始一直沿用至今。"折减系数"始现于 19 世纪 20 年代的工程试验，目的是为了实现安全设计，测定需要为箭体或其他曲线结构保留多少预定弯曲载荷设计冗余。

为了实现箭体减重设计，在过去 30 年里，NASA 工程与安全中心领导的项目优化并验证了减少限制、增加稳固的折减系数。兰利研究中心的工程师们深入分析了制造缺陷、材料以及其他结构强度因素的影响，重新计算折减系数。"阿波罗"时代 NASA/SP – 8000 的设计记录了通过大量经验式试验形成的这些系数。本次折减系数由工程师团队在马歇尔航天飞行中心特种设备厂内进行可控试验，这些可控试验采集的数据为计算新的折减系数奠定了坚实基础。

迄今为止，兰利工程师已完成直径 2.4 m 的铝锂合金薄壁加筋肋圆柱体 4 次试验，每次试验都在出现故障前结束，试验结果与计算误差可控制在 5% 以内，而以前的误差则为 30%~50%。这对降低冗余、为结构设计减重，尤其是对重型运载火箭核心段这样的大型结构意义重大。

研究人员还对"宇宙神"5 火箭进行了整箭研究。火箭核心段有很大的减重潜力，因为其表面积大，每平方米节省 488 g 就能多节省上千克的质量。通过研究发现，其结构质量能节省 10%~20%。

2011 年 2 月，研究小组将试验直径 8.4 m 的航天飞机外贮箱筒，验证新分析的设计系数的可扩展性。除了 NASA 正在加工的铝锂合金圆柱形，波音和诺格公司正依照与 NASA 的协议提供复合材料试验品，验证复合材料结构的折减系数，尝试为复合材料领域结构设计形成设计规范。

除了更精准地把握设计结构，新的折减系数能让工程师们更好地了解新的制造技术和建造偏差是如何影响结构弯曲的。NASA 耗资数百万美元为"战神"火箭研究搅拌摩擦焊工具，并了解与此程序相关的热量是如何改变焊接金属的几何形状的。这些知识使壳体弯曲预测精确性更高。与传统焊接相比，这种焊接能够做到始终如一，即制成同样质量的几何体。

（二）数字化设计能力不断提升

在国外运载火箭研制过程中，数字化技术已经得到了广泛应用。国际上航天产品的研发一般都是基于数字化的模型、方法、手段进行的。近年来，大量的数字化设计、试验验证、制造、评估手段不断涌现，并在重要项目中得到了成功应用。并行工程已经不再是一种思想和理念，通过大量实际应用的考验，产生了以数字样机技术和仿真技术为代表的新一代数字化集成应用技术。面向应用的集成和优化技术成为航天复杂产品研制的重要技术手段。

美国运载火箭的数字化仿真设计发展走在世界的前列。早在 1965 年，美国 IBM 公司就和 NASA 进行合作，签署了《运载火箭数字化设计测试任务书》。经过五十多年的发展，美国已经建成较为成熟的运载火箭数字化设计仿真系统。数字化设计技术已经应用到不同的系统中：在肯尼迪航天中心（Kennedy Space Center，KSC），美国航天企业已经通过使用产品数据管理（Product Data Management，PDM）和产品生命周期管理（Product Lifecycle Management，PLM）

系统工具，实现了数据加密标准（Discrete Event Simulation，DES）、天气分析（Weather Analysis，WA）、操作训练（Operational Training，OT）、结构性分析（Structural Analysis，ST）等数字化应用。

美国在当下的运载火箭设计过程中，也已经在局部产品设计中实现了三维数字化定义和数学建模，且正在规划基于产品全生命周期的运载火箭数字化设计、试验、制造、管理的并行工程体系，并通过并行、分布式应用协议与技术支持，统一标准体系的协作虚拟型号设计开发和服务组织。

根据开发产品的需要，洛克韦尔航天系统分公司在其所属工厂内建立了许多IPT 组（集成产品团队）。在开发"被动循环试验装置"产品过程中，若按传统的旧模式完成这项试验任务，从设计、制造到交付估计需要 8 个月时间，耗资 60 万美元，而用 IPT 组开展工作只用 5 个月时间、花费 24 万美元就完成了任务。

（三）仿真与试验不断融合

国外运载火箭设计过程中广泛采用仿真手段，仿真技术的发展已经形成体系。美、英、法等国以仿真技术为核心，利用高速计算机网络将各种运载火箭试验系统及有关科研机构联合起来，形成了高效、完整的仿真实验体系。总体来看，国外仿真技术在向四个方向发展：

（1）从单一的仿真验证向虚实融合发展。

美国在运载火箭系统研制过程中，建立了详细的工程级运载火箭模型，构建了综合仿真应用系统。在运载火箭改进项目中，虚拟试验技术得到充分的应用，仿真数据与实物试验数据一道作为作战效能评估的正式子样，是仿真技术与型号研制高度融合的体现，标志着运载火箭数字化验证技术的发展又达到了一个新的高度。

（2）从单兵、兼职向专业化的仿真团队和实验室发展。

在国际知名的宇航机构或公司，通过专业化仿真团队和实验室加强仿真技术研究与应用已成为主流趋势。航天飞机主要承包商罗克韦尔自动化（Rockwell）国际公司为其空间分部建立了专门的仿真试验中心，实施大多数航天飞机飞行仿真研究，该中心已成为航天飞机研发过程中不可或缺的组成部分；美国亚拉巴马州红石兵工厂建立的高级仿真中心（ASC），拥有射频、毫米波/红外、光电等仿真设施和运载系统仿真器，可为运载系统提供完整的仿真试验。

（3）从零散经验向完整的、自上而下的仿真标准化规范体系发展。

1995 年美国国防部颁布了"建模与仿真主计划"，指导建模与仿真技术的发展，电气与电子工程师协会（IEEE）于 2000 年正式接纳高层体系结构（HLA）成为建模与仿真的开放标准（IEEE 1516 - 2000），说明仿真标准体系已经朝着工业化的方向发展，为仿真的产品化和市场化奠定了基础。2004 年，美国再次以国防部指令（DODD）的形式出版新的"建模与仿真主计划"，明确职责，确定未来发展目标。2006 年，美国国防部又颁布了"采办建模与仿真主计划"，对装备采办领域建模与仿真技术的发展做出了整体规划；2007 年，调整了国防部建模与仿真的管理结构，并颁布了新的国防部 5000.59 号指令——"建模与仿真管理"，以法规文件的形式规定了美国国防部相关部门的管理职责。为适应新仿真规划和技术发展的要求，2008 年，在历经 8 年的经验积累和反馈后，IEEE对 HLA 1516 - 2000 标准进行了重新投票修订和审核，起草了更新版本的下一代HLA 规范——HLA Evolved。

（4）从个体、离散、串联向整体、集成、并行的虚实融合的综合验证平台发展。

美国军方在 2005 年 12 月提出了联合任务环境试验能力（JMETC）工程。该工程以试验和训练使能结构（Test and Training Enabling Architecture，TENA）为支撑框架，以提供一种分布的、实时的、虚拟的、组件化的综合试验验证能力为目标，将分布在异地的试验台架、试验资源和工业部门的试验设施连接起来，形成一个综合试验验证平台。

6.1.2　试验验证能力

国外非常重视试验设施的建设，经过多年的发展积累了大量的试验数据，建设了比较完善的试验体系，建成了用于结构强度、动力系统、增压输送系统、大型力学环境、自然（或气候）环境试验等方面的试验设施，具备了开展全系统综合试验的能力。

（一）动力试验设施完备齐全

20 世纪 40 年代以来，美国先后组建过十四家公司参与航天运载动力系统设计、研制、制造、试验和飞行试验。通过几十年的整合，目前从事运载火箭动力系统研制工作的机构和公司有：NASA、航空喷气公司、普·惠—洛克达因有限公司、大西洋研究公司、SpaceX、轨道科学公司等。

苏联/俄罗斯建立了强大的航天运载动力系统研发体系，主要包括能源机械联合体、化学自动化设计局、化学机械设计局、萨马拉库兹涅佐夫科技联合体、科尔德什研究中心、科罗廖夫"能源"火箭—航天联合体、南方设计局。每个研究所都拥有先进的基础设施，以及一整套研制液体火箭发动机所必需的工艺设备。

欧洲航天运载动力系统研制包括 ESA、欧洲航空防务航天集团，法国斯奈克玛公司、阿斯特里姆公司。

（二）增压输送试验方法规范、要求高

美国增压输送系统的单机级试验遵循比较严格的试验流程。美国海军研究工作室研制的增压用复合材料氦气瓶的研制试验流程包括验收试验和鉴定试验。

欧洲航天领域对增压输送系统的系统级试验必要性的认识领先于国内，系统级试验已经作为型号的验收试验进行开展。

2002 年"阿里安"5 新型上面级研制时，增压输送系统分别进行了输送系统试验、增压系统试验，并参加了动力系统常规试验、动力系统振动试验和动力系统冲击试验。通过"阿里安"5 增压输送系统的系统级试验资料可以看出，欧洲系统级验证已经被纳入其研制试验体系中，具备了系统级试验完备的试验设施、先进的试验技术、成熟的试验经验，与国内的系统级试验刚刚起步形成鲜明对比。

（三）结构静、动、热强度试验能力规模大、水平高

（1）静力试验。

NASA 拥有完备的结构静力试验研究室、结构力学实验室、大型结构组合载荷试验研究室、组合载荷和环境试验研究室、结构与材料实验室、耐久性和任务模拟研究室、无损检测与评估技术实验室、寿命预估中心（疲劳和断裂实验室）和环境耐久性评估实验室等，涉及结构和材料的静强度、刚度、稳定性、结构耐久性和疲劳等的分析、试验、评估等研究领域。低温静力试验系统能容纳直径可达 10 m、长度可达 18.3 m 的试验件，独特的支承结构和界面硬件可按试验件要求定制。

（2）结构强度。

俄罗斯中央机械研究院强度研究中心在结构强度方面的技术能力主要体现在：强度分析与计算方法、结构可靠性分析和试验测试技术、特殊结构和特种材料结构强度研究试验、强度故障分析与诊断、大型与非常规试验、静强度试验在线实时预示与保护技术、静强度试验多路（大于40路）载荷同步加载控制技术、结构裂纹检测与分析技术等。俄罗斯中央机械研究院强度研究中心静强度实验室的试验大厅面积为 24 m × 72 m，最大承力平台直径为 18 m，具有轴压最大为 200 000 kN 和单点最大为 5 000 kN 加载的静力试验能力，数据采集系统可达 4 000 通道以上。

（3）结构动力学。

国外在解决火箭、导弹结构动力学特性问题的早期阶段，均采用传统的全尺寸结构模态试验的办法。NASA 振动试验塔可承载火箭结构的参数达到：长 57.3 m，最大直径 6.53 m，质量 508 t，采用油气支撑模拟自由—自由边界；ESA "阿里安" 4 和 "阿里安" 5 火箭均未进行实尺动特性试验，"阿里安" 4 火箭全长 57~59.8 m，最大直径 9 m，起飞质量约 470 t，由于阻尼数据和斜率数据难以确定，进行了必须的部段试验；苏联研制的 "能源" 号火箭是目前起飞质量和推力最大的火箭，二级结构，全长 60 m，最大宽度 20 m，起飞质量约 2 400 t，"能源" 号火箭在进行结构动力学研究过程时，除了采用有限元理论分析外，还依靠实尺全结构在其他边界条件下的试验，例如，底部弹性支撑状态下的试验、竖立在靶场发射架状态下的试验。

（4）航天结构热强度与热环境。

国外航天结构热强度与热环境模拟技术已经从以石英灯为主发展到石英灯、石墨加热器、电弧加热器等多种加热方式并举。以石墨为加热元件的辐射加热试验系统，最大加热能力可达 5 600 kW/m²；电弧灯加热系统，热流密度超过 22 700 kW/m²；聚焦加热方法的试验热流密度能力达到 43 961 kW/m²；美国德莱顿飞行研究中心、兰利研究中心、美国空军研究实验室以及德国工业设备管理公司通过模块化石英灯加热装置进行了结构热强度试验热环境模拟；此外，国外还开展了以高温、高压燃气为热源的对流加热试验技术研究，俄罗斯和乌克兰也建有燃气加热试验室，考核防热结构的防热能力与结构承热能力。目前，国外已开展了高温下的温度、热流、高温应变传感器及相应的测量技术研究，取得了大量成果。美国自 20 世纪 90 年代初发展了溅射式薄膜传感器技术，可用于飞行状态下结构热力学环境参数的测量；近年来，热强度试验中的测量技术主要包括薄膜溅射高温测量技术和光学非接触式测量技术；美国德莱顿飞行研究中心研制了光纤温度传感器，其研究的光纤高温应变测试技术使用温度已达到了 1 000 ℃，并在结构热试验流程中加入了试验前、后结构无损检测环节；德国工业设备管理公司采用双光导管温度测试技术，解决了非接触温度测量中材料发射率随温度变化以及加热系统反射影响这两个问题；美国德莱顿飞行研究中心在热流测试方面除采用传统的"戈登"式热流计外，还加入了薄膜热流计测试手段；美国格伦研究中心采用薄膜溅射工艺，开展了薄膜热电偶、薄膜热流计、薄膜高温应变计、薄膜多功能传感器以及未来薄膜陶瓷传感器技术研究。

（四）大型力学环境、自然环境试验能力条件齐备

针对未来空间计划的环境试验能力，NASA 正在建设一种新型的大型火箭结构振动试验系统，地址位于俄亥俄州克利夫兰市的 NASA 格伦·普拉姆·布鲁克研究所。该振动试验系统是针对是人类目前最远载人航天计划——飞向火星计划的"猎户座"飞船开发的、目前世界上最大的振动试验系统。试验系统的垂直方向有 16 个液压振动台，两个水平方向各有 2 个液压振动台。试验系统的能力为：设备的基本能力为能够对高 22.87 m、重 34.05 t、重心为 7.22 m、直径为 5.49 m 的试验件进行正弦振动试验，而且三个方向的振动试验不需要重新安装试件。试验量级为垂直方向 1.25 g，水平方向 1 g，频率范围为 5~150 Hz。

为了提升未来空间计划的环境试验能力，NASA 正在建设噪声试验设施，成谱后的最大声压级将达到 163 dB，混响室容积为 2 863 m³，尺寸为 11.4 m × 14.5 m × 17.4 m，满足 6 m（直径）×14 m（高）的试验件做声试验，基本上符合美国现行服役的所有飞行器的直径尺寸。

美军哈里·戴蒙德（Harry Diamond）试验室、NASA 哥达德飞行中心和桑地亚试验室都配备了多维振动试验系统。日本、欧洲近十几年也进行了包括导弹在内的多种产品多维振动试验研究，德国工业设备管理公司空间试验中心振动实验室进行了"阿里安"5 火箭上面级综合试验。JAXA 的大型航天器试验中心安装了一台由 10 个电磁振动台组成的六自由度振动系统，其中单个振动台正弦试验

最大能力为 8 t，随机试验最大能力为 5 t，横向试验采用 3 个振动台，2 个推、1 个拉，最大试验能力为正弦试验 24 t，随机试验 15 t；纵向试验采用 4 个振动台，最大试验能力正弦试验为 32 t，随机试验为 20 t。

美国对力限振动试验技术进行了深入的理论和应用研究，并取得了一定的成果。1997 年，NASA 发表了《力限振动试验专论》（NASA – RP – 1403）。2000 年，NASA 又发布了技术手册 NASA – HDBK – 7004 作为研究力限振动试验的标准，并于 2003 年修订为 NASA – HDBK – 7004B。近十年来，除美国外，力限振动技术受到世界其他航天机构的重视并得到了广泛的应用和发展，如加拿大、ESA、日本和韩国等也都对力限振动试验方法进行了应用研究。

冲击环境试验方面，据了解美国 WYLE 试验室的机械冲击可达到 60 000 g@0.1 ms，气动冲击可达到 3 400 g@6.5 ms，爆炸分离冲击可达到 120 000 g@6.0 ms。冲击环境测量技术采用的冲击加速度传感器测量范围可达 200 000 g、频响可达 200 kHz ~ 1 MHz。20 世纪 90 年代以后，国外先后推出了一系列关于爆炸冲击环境试验的标准化、规范化的技术方法，如 NASA – STD – 7002、NASA – STD – 7003、NASA – HDBK – 7005、IES – RP – DTE012.1、AECTP – 400、MIL – STD – 810F、MIL – STD – 1540E 等技术标准和规范文件。由此可看出，美国和欧洲在导弹、运载火箭和卫星等的研制过程中，爆炸冲击环境试验是其必不可少的试验项目之一。

此外，美国、俄罗斯等都具有复合环境试验能力，如噪声/振动/温度综合环境、振动/温度/湿度综合环境、振动/过载综合环境等试验能力。

美国空军装备的自然（或气候）环境试验是早在 1934 年就提出来的。20 世纪 40 年代以后，为了适应航空、航天、兵器及其他产品的发展，在逐渐认识到单纯外场自然环境试验的局限性的情况下，国外先后建立了各种类型和不同规模的自然环境模拟设备。美国典型的地面环境模拟设备包括：美国麦金利（Mckinley）环境试验中心、美国阿伯丁试验场兵器环境试验设备。全天候自然环境试验方面，麦金利环境试验室是目前世界上最大的全天候自然环境实验室，能够创造地球上存在的几乎所有自然环境条件。该实验室主要用于系统在极端环境条件下的可靠性试验，其主模拟室容积为 93 000 m³（长 76 m、宽 61 m、中心高 21 m），可以产生的特殊环境条件有：– 54 ℃ ~ 74 ℃ 的温度、降雨、风、湿度、结冰、降雪、太阳辐射等。

（五）可靠性试验验证充分、有效

运载火箭研发、制造过程中的可靠性试验主要有环境应力筛选试验、可靠性增长试验、可靠性强化试验、可靠性验证试验等。

国外针对电子产品的环境应力筛选建立了专门的指导标准，主要采用温度应力和振动应力，可采用环境试验的设备开展试验。

6.1.3 产品实现与测试能力

在新材料制造技术应用方面，美国、俄罗斯、欧洲、日本等国家和地区的航天制造业工艺技术发展水平较高。主要的技术发展趋势是积极应用超高强度铝合金、铝锂合金等轻质高强高韧金属材料；箭体结构朝着精密化、整体化方向发展；制造技术朝着自动化、柔性化、绿色环保方向发展。

（一）新材料应用方面

欧空局采用 7075 超高强铝合金制造了直径 5.4 m、高度 3.3 m、重量 1 800 kg 的"阿里安"5 芯级短壳和推力框组件，有效减轻了箭体结构重量。美国已成功应用铝锂合金研制航天飞机外贮箱和部分上面级产品，有效提高了火箭的运载能力。俄罗斯在铝镁钪合金材料方面的技术成熟度较高，并在部分航天产品上实现了应用。国内航天领域目前对于镁合金、超高强铝、铍铝合金等新型轻质高强金属材料的应用刚刚起步，镁合金在战术导弹壳体、卫星结构上取得了应用，主要为镁合金铸件，超高强铝合金、铝锂合金、铍铝合金结构制造技术还处于前期探索阶段。

（二）结构件整体锻/铸造技术方面

在美、法等国，异形截面框类零件轧制工艺已得到广泛应用，大型运载火箭普遍使用整体铝合金环形锻件，大幅度提高了箭体结构的可靠性；美国"罗兰"防空导弹系统某电子系统保护外罩，原来为 38 个零件组合焊接，需要极其复杂的焊接夹具，改为整体铸件后，只需要 6 个零件，减少了 30 多道焊接工序。我国航天领域也广泛采用整体锻/铸件，目前国内已具备 5 m 级结构框环的整体轧制技术。

（三）大部段制造及连接方面

国外贮箱箱体网格壁板制造技术广泛采用平板数控铣网格 + 弯曲成形的工艺制造。欧空局"阿里安"5 火箭贮箱筒段采用壁板数控铣网格 + 网格壁板数控弯曲成型工艺，大幅度提高了贮箱制造精度。国内贮箱网格壁板均为平板弯曲 + 化铣的结构，产品具有化铣圆角大、剩余壁厚和圆角废重多、污染环境等缺点。目前正在开展数铣网格壁板成形等相关工艺的研究工作，但尚未工程化应用。在铆接装配技术领域，国外铆接装配技术已从由单台数控自动钻铆机和数控托架组成的自动钻铆系统向由柔性装配工装、模块化加工单元、数控定位系统（包括机器人）、自动送料系统和数字化检测系统等组成的自动化装配系统发展，电磁脉冲铆接应用、激光点焊等铆接替代工艺也在深入研究实践。国内航天领域仍采用手工传统铆接作业方式。

（四）在总装测试技术方面

从国外飞机的总体装配现状来看，较多采用了数字化柔性装配与仿真技术。自 20 世纪 90 年代初波音公司采用无纸化设计 B777 飞机并开始全面实施飞机数字化制造以来，数字化柔性装配与仿真技术在航空航天技术发达的西方国家迅速发展起来。数字化装配技术集成了虚拟装配技术、无型架装配技术、柔性装配工装技术、激光定位技术和自动钻铆技术等自动化装配系统，大大简化了型架，并减少了包括型架在内的装配工装的使用，提高了生产效率、降低了制造成本、缩短了制造周期。国内运载火箭总装仍停留在传统的手工和架车相结合的装配模式，主要是人工借助于大量机械化的工装夹具实现。

（五）新制造技术方面

美国等国家大胆将工业技术革新的最新产品引进未来航天业发展。如 NASA 已将利用"选择性激光熔凝"（SLM）技术建造下一代火箭列入计划。NASA 将利用一种类似于 3D 打印的技术制造复杂的金属零部件，用于"太空发射系统"重型运载火箭。"选择性激光熔凝"技术的工作原理为：利用一台高能激光器"按照设计样式"熔凝容器中的金属粉末。激光器将使金属粉末一层层地生长，融凝成需要的零部件，实现复杂的设计。这种工艺过程能生产出由 3D 计算机辅助设计（CAD）出来的、拥有复杂几何形状和精密机械性能的零部件。使用这种先进技术将有益于安全，同时可降低制造成本。这项技术极大地降低了制造零件所需的时间，在一些情况下甚至将制造时间从数月缩短至数周，提高了经济可承受性。由于不再需要把零部件焊接到一起，其结构强度得到提高，变得更加可靠，也使整体火箭更加安全。NASA 将在对 J－2X 发动机进行热点火试验时，试验这种新"打印的"发动机零部件。NASA 暂定在 2017 年第一次"太空发射系统"飞行试验中使用由选择性激光熔凝技术制造的零部件。

我国目前在 3D 打印技术方面的研究和应用技术发展处于世界领先水平，后续航天发展及重型火箭研制应大胆进行应用研究，以提升制造水平和能力。

（六）设备制造的接口通用性和继承性方面

美国等能够做到以标准规范的研制体系确保将新取得的技术成果用于产品的更新升级，实现中间成果的及时转化应用。如 NASA 将为航天飞机主发动机"换脑"并将之用于新型火箭。若想利用平缓的研发预算成功研制新的重型火箭"太空发射系统"（SLS），对 NASA 来说关键之一是使用 16 台没用了的 RS－25 航天飞机主发动机，为前几次飞行提供动力。但 NASA 表示他们需要新的"大脑"才能完成这项工作。控制 RS－25 航天飞机主发动机的计算机室在 20 世纪 80 年代初建造，很多部门都已经过时。马歇尔航天飞行中心的工程师发现能将新 J－2X 发动机的控制装置用于 RS－25 发动机，实现有效简化控制装置，降低成本。发动机控制装置可调节推力和燃料混合，在发动机和火箭之间传递指令与信息。工程师将利用一年时间调整并试验控制装置。控制装置通过实验室批准后，会在 2014 年被运往斯坦尼斯航天中心进行"热点火试验"。RS－25 发动机和 J－2X 发动机均由普·惠—洛克达因公司建造，其设计理念正是使用相同的基础硬件设计来控制多种发动机。利用通用物理设计，只进行少量修改，就能将 RS－25 发动机、J－2X 发动机以及未来的设计成本控制在航天飞机主发动机控制装置成本的一半以下。

■ 6.2 国外航天运载技术水平预测

运载火箭自 1957 年首飞，至 2022 年已经走过 60 余年。运载火箭发展初期，世界各国工业基础相对薄弱，但仍专门为发展导弹运载构建了整个产业链（矿石选地、材料工艺、单机元器件、系统级企业等），为航天发展专用技术。由于运载火箭市场规模有限，其部分运载专用技术在今天已经落后于导弹武器、飞机、民用等技术，未来信息技术、微机电技术、先进制造技术（3D 打印等）、新型材料技术将推动发动机性能提升，继续降低箭体结构死重，同时电气系统在集成化、智能化、小型化方向上也将发生质的飞跃。

6.2.1　发动机技术水平预测

国外发动机液氧、煤油以 Merlin1D（开式）、NK - 33（补燃）、RD - 180 为代表，氢氧发动机以 RS - 68、RL10 系列为代表，预计 2030 年前发动机推质比、比冲进一步提升，比冲向理论极限值逼近，推质比向 >150：1 发展。

6.2.2　箭体结构技术水平预测

国外新一代运载火箭以 2219 铝合金、铝锂合金、复合材料为主，采用全搅拌摩擦焊工艺、箱底旋压成型。其中"猎鹰"9 一子级、二子级关机点结构死重系数达到 6%、8%，以液氧、煤油火箭实现液氢/液氧能力。

预计 2030 年前，国外运载火箭将继续推进新加工工艺、新材料的应用，持续降低箭体结构系数，提升运载发射效费比。

6.2.3　电气技术水平预测

电气技术在信息技术、微电子、集成电路等高速发展带动下，目前国外火箭已经实现箭上自主测试、地面自主发射。技术的发展反过来改变火箭的研制、生产与测试发射：

①研制——政府主导大系统协同 VS 企业主导小规模集成协同。

②生产——专门基建与设备保障 VS 市场采购/小批量加工。

③测试及发射——大规模独立测试 VS 自主智能化集成自检。

2030 年前，国外运载火箭以信息技术、集成电路技术、微机电技术高速发展为牵引，将发生质的进步，类似普通手机向智能手机发展的跨越。

第七章
总结和启示

■ 7.1 国外运载火箭发展趋势

7.1.1 新老火箭融合发展

（1）从规划上看，小型火箭固液并行；中、大、重型火箭以液体为主，固体为助推。

（2）从设计上看，贯彻"三化"设计理念，模块组合：基础级＋上面级＋标准助推。

①发动机与箭体匹配决定基本型运载能力、效率，进而影响型谱使用效能。

②基本型选择两级构型，通过增加推力、模块长度与直径提升任务覆盖宽度。

③"宇宙神"基本型推力：1 610 kN→2 048 kN →2 600 kN →3 827 kN；模块直径：ϕ3.05→ϕ3.81 m。

（3）从研制上看，技术进步、发射需求（智能控制、重复使用等）引领装备更新换代。

（4）从使用上看，小型侧重快速发射；中、大型火箭关注经济实用；重型能力优先。

（5）从保障上看，大直径箭体运输方式决定基础级模块。

"宇宙神"5：ϕ3.81 m与飞机运输能力匹配；"猎鹰"9：ϕ3.66 m与公路运

输能力匹配；"联盟"5：ϕ4.1 m与铁路运输能力匹配。

7.1.2　构建型谱精简、性能卓越、运营高效的运载火箭型谱

构型精简、运营高效的运载火箭型谱是世界航天强国的显著特征。美、俄等航天强国均已完成了多个运载火箭系列构型的研发应用，具备陆、海、空基多平台发射手段，覆盖小、中、大、重等各种载荷发射任务需求。

美国在不同时期先后发展了包括"大力神"系列、"宇宙神"系列、"德尔塔"系列、"猎鹰"系列等多种火箭，可覆盖小、中、大等多种能力区间。以SpaceX公司为代表的美国商业航天公司具备了小、中、大、重的完整型谱能力，但是美国始终致力于国家投资驱动发展完整型谱和运载能力。小型火箭方面，诺格公司依靠固体战略导弹发动机形成了"米诺陶"系列小型固体运载火箭；中大型运载火箭，美国国家安全太空发射（NSSL）计划投资ULA研制的"火神"系列运载火箭。

俄罗斯（苏联）先后成功研制"东方"号、"联盟"号、"质子"号、"安加拉"等系列运载火箭，形成了能力完备的运载火箭体系，在人类航天史上创造了第一颗人造地球卫星、第一艘载人飞船、第一个月球探测器等多项世界第一。"安加拉"1.2和"安加拉"A5系列火箭的子级采用模块化设计原则，通过采用不同数量的子级模块，实现不同运载能力覆盖。

7.1.3　通过技术创新与快速迭代提升运载火箭性能

以美国为代表的航天强国通过政策调整，鼓励创新技术加速研发，在新技术变革驱动下，火箭能力、效率、成本等综合指标呈现出迅捷的代际提升趋势。液体发动机不断持续发展，追求高推重比、高比冲等综合性能与效能，如"梅林"发动机的海平面推力从33 t提高到85 t、比冲从253.7 s提高到288.5 s。固体发动机通过复合材料壳体与整体式结构等技术，进一步提升质量比等综合性能。SpaceX公司的"猎鹰"9火箭利用重复使用技术成功完成超过100次一子级垂直回收，并通过通用化、系列化、模块化研制，将火箭的成本降低至主流市场的1/5~1/10；通过堆叠式卫星布局设计，大幅提升火箭单次发射入轨质量；通过应用故障诊断与容错重构技术，先后2次在任务中及时诊断出发动机故障并进行

了任务重新规划，提高发射与飞行的可靠性。与此同时，美国还加大对探索性、前瞻性和颠覆性技术的支持力度，基于液氧、甲烷发动机的超重星舰开展试验性飞行，推进天地往返、水平起降组合动力、航班式进出太空新技术的探索研究，将技术领先优势快速转化为新的"代差"优势。

俄罗斯及欧洲等通过重复使用等新技术，驱动火箭综合性能不断提升。俄进步航天中心提出采用甲烷推进剂的"阿穆尔"重复使用运载火箭；ESA 提出的"阿里安"6，其一二子级均基于"普罗米修斯"液氧、甲烷重复使用发动机。

7.1.4 注重运载火箭基础保障能力建设

按照通用化理念建设并改造发射工位，能够在较短的时间内匹配火箭构型的变化，提升发射效能。美国肯尼迪航天中心的 LC – 39A 工位通过改造适用于"土星"5、"航天飞机"、"猎鹰"9 和"猎鹰"重型的发射，卡纳维拉尔角的 LC – 41 工位通过改造适用于"宇宙神"5（直径 3.8 m，液氧、煤油 + 氢氧动力）和"火神"火箭（直径 5 m，液氧、甲烷 + 氢氧动力）的发射任务。

发射场建设与运载火箭匹配发展。世界主要航天发射场绝大部分设置在沿海地区，以利于运输和航区安全；靠近赤道附近的发射场则利于进一步提升低倾角任务发射能力，如美国卡纳维拉尔角发射场、欧洲库鲁发射场、日本种子岛航天中心等。美国拥有 7 个航天发射场和 14 个发射工位，均位于沿海；受限于地理条件，俄罗斯有 3 个内陆发射场，但在圭亚那建有沿海工位；ESA 发射场为圭亚那，位于沿海。此外，测发模式简洁、流程优化是火箭发射频率提升的有效手段，"猎鹰"9 火箭测发周期 12 天，通过 3 个发射工位的快速流转，在 2022 年达到了 7 天/发的高密度发射能力。

■ 7.2 国外运载火箭发展启示

7.2.1 下一时期火箭基本型替代上一时期火箭组合型

第一时期火箭基本型 LEO 4 t 级（如"大力神"2S），组合型火箭 LEO 10/20 t 级；第二时期火箭基本型 LEO 10 t 级（如"宇宙神"5401），组合型火箭

LEO 20 t 级；第三时期火箭基本型 LEO 20 t 级（"猎鹰" 9V1.2），组合型火箭 LEO 63.5 t。

7.2.2　下一时期模块面推比相对上一时期增长 50% 以上

为满足运载火箭追求效能的目标，需要增加基础模块发射数量，其内在核心是提升模块面推比（发动机推力除以模块参考面积，面推比越大表示模块单位面积提供推力越高，基于此模块构建的火箭任务覆盖率越高）。

第一时期运载火箭选择战略导弹模块（$\phi 2.44/3.05$ m 和已有发动机），面推比为 $178\sim285$ kN/m²；第二时期运载火箭研制高能模块，"宇宙神" 5（$\phi 3.81$ m）模块面推比为 335 kN/m²；第三时期运载火箭研制更高效能模块，面推比由 450 kN/m²→722 kN/m²→955 kN/m²。

7.2.3　下一时期火箭比上一时期火箭年发射能力大幅提升

美国第一时期单芯级构型火箭发射周期 42 天（"宇宙神" 2AS），捆绑火箭发射周期 $150\sim240$ 天（"大力神" 4）；第二时期运载火箭发射周期 $15\sim21$ 天（"宇宙神" 5 系列）；第三时期运载火箭发射周期 15 天左右（"猎鹰" 9 系列），以模块重复使用来大幅缩短产品制造周期。

参 考 文 献

［1］ Scott A. Nivison, Pramod P. Khargonekar. Improving Long – Term Learning of Model Reference Adaptive Controllers for Flight Applications: A Sparse Neural Network Approach ［C］. AIAA Guidance, Navigation, and Control Conference, Grapevine, Texas, 2017: 1 – 17.

［2］ Acikmese B, Casoliva J, Carson J M, et al. G – FOLD: A real – time implementable fuel optimal large divert guidance algorithm for planetary pinpoint landing ［C］. Concepts and Approaches for Mars Exploration, Houston, USA, 2012: 23 – 41.

［3］ 武新峰, 彭祺擘, 张海联, 逯耀锋, 吕纪远. 国内外载人运载火箭发展历程分析与思考 ［J］. 载人航天, 2020, 26 (6): 783 – 793.

［4］ 杨开, 米鑫. 国外航天运输系统发展态势分析 ［J］. 国际太空, 2021, (1): 63 – 68.

［5］ 龙乐豪, 郑立伟. 关于重型运载火箭若干问题的思考 ［J］. 宇航总体技术, 2017, 1 (1): 8 – 12.

［6］ 赵国柱, 黄长梅, 康开华, 吴小宁. 2019 年俄罗斯航天运载技术发展分析 ［J］. 飞航导弹, 2020, (2): 1 – 5, 21.

［7］ 刘嬿, 陈亮, 邹薇, 颜峰, 韩旭. 国外降低运载火箭成本途径分析及对策建议 ［J］. 中国航天, 2018, (5): 38 – 41.

［8］ 杨开, 米鑫. 2019 年国外航天运载系统发展综述 ［J］. 国际太空, 2020, (2): 45 – 52.

［9］ 崔乃刚, 吴荣, 韦常柱, 徐大富, 张亮. 垂直起降可重复使用运载器发展现状与关键技术分析 ［J］. 宇航总体技术, 2018, 2 (2): 27 – 42.

［10］ 韦常柱, 琚啸哲, 徐大富, 吴荣, 崔乃刚. 垂直起降重复使用运载器返回制导与控制 ［J］. 航空学报, 2019, 40 (7): 197 – 220.

［11］ 宋征宇, 王聪. 运载火箭返回着陆在线轨迹规划技术发展 ［J］. 宇航总体技

术, 2019, 3 (6): 1 – 12.

[12] 孙广勃. 各国运载火箭介绍: 能源号 (俄罗斯) [J]. 中国航天, 1996 (1): 20 – 25.

[13] 黄涛, 黄迪, 杨开, 秦筱璇. 国外新型主力运载火箭发展趋势分析 [J]. 飞航导弹, 2020, (7): 72 – 76.

[14] 《世界航天运载器大全》编委会. 世界航天运载器大全 (第 2 版) [M]. 北京: 中国宇航出版社, 2007.

[15] 张绿云, 曲晶, 龙雪丹, 杨开, 才满瑞. 2018 年国外航天运载器发展分析 [J]. 导弹与航天运载技术, 2019, (1): 36 – 39, 44.

[16] 胡冬生, 刘楠, 刘丙利, 焉宁. 美国重复使用运载火箭发展分析 [J]. 国际太空, 2020, (12): 38 – 45.

[17] 马志滨, 何麟书. 国外重型运载火箭发展趋势述评 [J]. 固体火箭技术, 2012, 35 (1): 1 – 4.

[18] 周亚强, 娄路亮, 牟宇. 国内外典型火箭运载能力变化分析 [J]. 载人航天, 2017, 23 (6): 737 – 742.

[19] 尹亮, 刘伟强. 液氧/甲烷发动机研究进展与技术展望 [J]. 航空兵器, 2018 (4): 21 – 27.

[20] 张小平, 严伟. 蓝箭航天液氧甲烷发动机研制进展 [J]. 上海航天, 2019, 36 (6): 83 – 87.

[21] 郑大勇, 颜勇, 孙纪国. 液氧甲烷发动机重复使用关键技术发展研究 [J]. 导弹与航天运载技术, 2018, (2): 31 – 35.

[22] 陈士强, 黄辉, 邵业涛, 黄兵. 航天动力系统未来需求方向及发展建议的思考 [J]. 宇航总体技术, 2019, 3 (1): 62 – 70.

[23] 徐大富, 张哲, 吴克, 李红兵, 林剑锋, 张晓东, 郭筱曦. 垂直起降重复使用运载火箭发展趋势与关键技术研究进展 [J]. 科学通报, 2016, 61 (32): 3453 – 3463.

[24] 龙乐豪, 蔡巧言, 王飞, 马婷婷, 闻悦. 重复使用航天运输系统发展与展望 [J]. 科技导报, 2018, 36 (10): 84 – 92.

[25] 龙乐豪, 王国庆, 吴胜宝, 马婷婷, 牟宇. 我国重复使用航天运输系统发展

现状与展望［J］. 国际太空，2019，(9)：4-10.

［26］鲁宇. 中国运载火箭技术发展［J］. 宇航总体技术，2017，1 (3)：1-8.

［27］秦旭东，龙乐豪，容易. 我国航天运输系统成就与展望［J］. 深空探测学报，2016，3 (4)：315-322.

［28］龙乐豪，李平岐，秦旭东，等. 我国航天运输系统60年发展回顾［J］. 国际太空，2019，(9)：4-10.

［29］刘竹生. 中国的载人运载火箭［J］. 中国工程科学，2006，8 (11)：29-32.

［30］李东，王珏，何巍，等. 长征五号运载火箭总体方案及关键技术［J］. 导弹与航天运载技术，2017，(3)：1-5.

［31］范瑞祥，王小军，程堂明，等. 中国新一代中型运载火箭总体方案及发展展望［J］. 导弹与航天运载技术，2016，(4)：1-4.

［32］王小军，徐利杰. 我国新一代中型高轨运载火箭发展研究［J］. 宇航总体技术，2019，3 (5)：1-9.

［33］李斌，张小平，马冬英. 我国新一代载人火箭液氧煤油发动机［J］. 载人航天，2014，20 (5)：427-432.

［34］陈士强，黄辉，张青松，秦旭东，容易. 中国运载火箭液体动力系统发展方向研究［J］. 宇航总体技术，2020，4 (2)：1-12.

［35］常武权，张志国. 运载火箭故障模式及制导自适应技术应用分析［J］. 宇航学报，2019，40 (3)：302-309.

［36］宋征宇，王聪，巩庆海. 运载火箭上升段推力下降故障的自主轨迹规划方法［J］. 中国科学：信息科学，2019，49 (11)：1472-1487.

［37］韩业鹏. 运载火箭上升段动力故障自适应制导研究［D］. 哈尔滨：哈尔滨工业大学，2016.

［38］包为民. 航天智能控制技术让运载火箭" 会学习"［J］. 航空学报，2021：250-255.

［39］李雷，谢立，张永杰，巫琴. 数据挖掘在运载火箭智能测试中的应用［J］. 航空学报，2018，39 (S1)：86-93.

［40］辛高波，王猛，丁秀峰，文新. 运载火箭冗余分级智能供配电技术研究

[J].计算机测量与控制,2018,26(10):137－140.

[41] 洞穴之外,2020 年观点总结:产业、商业和行业中的火箭特点分析,火箭回收真的降低成本吗?理念世界的影子(公众号),2020 年 12 月

[42] 陈士强,黄辉,张青松,等.中国运载火箭液体动力系统发展方向研究[J].宇航总体技术,2020,4(2):1－12.

[43] 李斌,张小平,马冬英.我国新一代载人火箭液氧煤油发动机[J].载人航天,2014,20(5):427－432.